Dirk Bauer

Telemarketing

Bücher und neue Medien aus der Reihe Business Computing verknüpfen aktuelles Wissen aus der Informationstechnologie mit Fragestellungen aus dem Management. Sie richten sich insbesondere an IT-Verantwortliche in Unternehmen und Organisationen sowie an Berater und IT-Dozenten.

In der Reihe sind bisher erschienen:

SAP, Arbeit, Management
von AFOS

Steigerung der Performance von Informatikprozessen
von Martin Brogli

Netzwerkpraxis mit Novell NetWare
von Norbert Heesel und Werner Reichstein

Professionelles Datenbank-Design mit ACCESS
von Ernst Tiemeyer und Klemens Konopasek

Qualitätssoftware durch Kundenorientierung
von Georg Herzwurm, Sixten Schockert und Werner Mellis

Modernes Projektmanagement
von Erik Wischnewski

Projektmanagement für das Bauwesen
von Erik Wischnewski

Projektmanagement interaktiv
von Gerda M. Süß und Dieter Eschlbeck

Elektronische Kundenintegration
von André R. Probst und Dieter Wenger

Moderne Organisations-konzeptionen
von Helmut Wittlage

SAP® R/3® im Mittelstand
von Olaf Jacob und Hans-Jürgen Uhink

Unternehmenserfolg im Internet
von Frank Lampe

Electronic Commerce
von Markus Deutsch

Client/Server
von Wolfhard von Thienen

Computer Based Marketing
von Hajo Hippner, Matthias Meyer und Klaus D. Wilde (Hrsg.)

Dispositionsparameter von SAP® R/3-PP®
von Jörg Dittrich, Peter Mertens und Michael Hau

Marketing und Electronic Commerce
von Frank Lampe

Projektkompass SAP®
von AFOS und Andreas Blume

Existenzgründung im Internet
von Christoph Ludewig

Projektleitfaden Internet-Praxis
von Michael E. Sträubig

Telemarketing
von Dirk Bauer

Dirk Bauer

Telemarketing

Mit Database Management und neuen
Vertriebsstrukturen zum Erfolg

Die Deutsche Bibliothek - CIP-Einheitsaufnahme
Ein Titeldatensatz für diese Publikation ist bei
Der Deutschen Bibliothek erhältlich.

Konzeption und Layout des Umschlags: Ulrike Weigel, www.CorporateDesignGroup.de
Druck und buchbinderische Verarbeitung: Lengericher Handelsdruckerei, Lengerich

ISBN 978-3-322-93870-1   ISBN 978-3-322-93869-5 (eBook)
DOI 10.1007/978-3-322-93869-5

Für die beste Familie der Welt.
Für die schönste Zeit.
Für die besten Drei.
Für Susanne, Jana und Yannick

Nur ein Unternehmen, das richtig kommuniziert – nach innen und außen –, kann sich in einer sich schnell ändernden Welt behaupten. Unternehmensstrategien wie Telemarketing liegen voll im Trend. Die erste Euphorie ebbt allerdings schon langsam ab. Zeit also, differenziert an diese neue Entwicklung heranzugehen und sich zu überlegen, wo und in welcher Form ein solches Konzept für ein Unternehmen wirklich Nutzen bringen kann. Telemarketing ist keine Management-Strategie, sondern eine neue Vertriebsform von Produkten und Dienstleistungen mittels der neuen Medien wie Telefon, Telefax und Internet. Das heißt ein „Kommunikations-Mix", der erfolgreich in Unternehmen zur Steigerung des Geschäftserfolges eingesetzt werden kann.

Dieses Buch soll ein Handbuch für die praktische Umsetzung von Telemarketing-Konzepten sein. Wir werden dem interessierten Leser einen Überblick über die verschiedenen Arten des Marketings geben sowie Methoden zur Einführung von Telemarketing vorstellen. Wir werden jedoch auch mit den Vorurteilen und den Allheilmitteln aufräumen. Telemarketing versteht sich als ökonomische Methode zur Vertriebsunterstützung und nicht als der Stein der Weisen. Wir werden Ihnen Zahlen, Daten und Fakten geben zur Umsetzung und wirtschaftlichen Berechnung von Telemarketing-Konzepten.

Telemarketing setzt auch ein Database-Management voraus. Dies werden wir Ihnen anhand eines Programmes vorstellen, das Telemarketing und die Kundenbindung auch auf der privaten Ebene ermöglicht. Vertriebsmitarbeiter haben i.d.R. den besseren Stand, wenn die Chemie zwischen den Kunden und dem Mitarbeiter stimmt und wenn auch zum Verkaufsgeschäft eine private Konversation (Smalltalk) gehört. Zusätzlich wird im Bereich des Telefonvertriebs das neurolinguistische Programmieren eingesetzt. Was Sie darunter verstehen können und wie Sie es einsetzen können, betrachten wir Anhand von Beispielen. Auch das Internet spielt heute eine große Rolle im Bereich der Vertriebsunterstützung. Hier werden wir Ihnen auch einige Tips geben, wie Sie Informationen von Ihrer Homepage verwerten können.

Die **TS-Group** verfügt über langjährige Erfahrung im Bereich des Tele-Business und hat Software mit Anwendern speziell für diese Problematik entwickelt. Wir konnten auf zahlreiche Erfahrungen von Unternehmen zurückgreifen. Einige stellen wir Ihnen auch vor.

Dirk Bauer

TS – Group
Software – Engineering

Bad Nauheim, im Februar 2000

Inhaltsverzeichnis

Einleitung

1.1 Hintergrund und Zielsetzung

Telemarketing und Teleselling werden oft als Schlagworte im Management gebraucht, gemeint ist i.d.R. die Vertriebsunterstützung respektive der Vertrieb von Produkten mittels der Telekommunikation. Ganze Branchen erleben den Wandel hin zur Kundenorientierung. Sie sehen sich gezwungen auf die veränderte Marktsituation zu reagieren. Wie Unternehmen sich dieser Situation anpassen und Tele–Business–Konzepte erfolgreich realisieren, betrachten wir anhand von einigen Beispielen.

An wen sich dieses Buch richtet

Dieses Buch richtet sich an Führungskräfte, Entscheider und Mitarbeiter, die an der Thematik Telemarketing und Teleselling als „neue" Vertriebsform Interesse haben. Im engen Zusammenhang steht damit die elektronische Datenverarbeitung sowie die moderne Telekommunikation.

Zielsetzung und Definitionen

Zielsetzung des Buches ist es, die Strukturen und Arten der Durchführung von Telemarketing und Teleselling bei Unternehmen zu beschreiben. Wir werden auch aufzeigen, wie Tele-Business in der Praxis umgesetzt werden kann.

Tele-Business ist der übergeordnete Begriff von allen Business-Aktionen, die mittels der Telekommunikation erfolgen. Telemarketing ist der „Wegbereiter" und „Türöffner" für den Vertrieb. Telemarketing umfasst die Aufgaben der Kundenbetreuung und Kundenwerbung. Für Teleselling ist die Definition hingegen um einiges leichter. Telesales (engl. Handeln) bedeutet, Produkte aktiv per Telefon zu verkaufen. Unternehmen, die ausschliesslich eine Direktmarketing Strategie verfolgen, setzen Teleselling-Teams ein.

Database Marketing

Database-Marketing ist ein weiterer Begriff, der oft Verwendung findet. Hiermit ist gemeint, Informationen in Datenbanken ziel-orientiert zu erfassen und auszuwerten. Somit ist zum Beispiel bekannt, dass ein Leasingvertrag von einem Pkw Ende des Jahres ausläuft. Frühzeitig wird nun der Händler mit dem Kunden Kontakt aufnehmen, um diesen Vertrag durch einen neuen zu ersetzen. Dieser Prozess wird als aktives Database-Marketing bezeichnet.

In den Unternehmen müssen jedoch entsprechende Bedingungen geschaffen werden, die es erlauben, Konzepte des Tele-Business erfolgreich durchzuführen. Themen wie Gebietsschutz, Vertriebsadressen, Potentialverteilung usw. müssen im Hinblick auf Database-Marketing und Tele-Business neu überdacht werden. Auch Änderungen der Provisionsregelungen sind oft notwendig. Dieses werden wir jedoch in den nachfolgenden Kapiteln genau betrachten. Es lässt sich jedoch feststellen, dass der „aktive" Widerstand der Mitarbeiter gegen diese Methoden in den letzten Jahren stark abgenommen hat.

1.2 Aufbau des Buches

Das vorliegende Buch gliedert sich in drei Hauptteile und einen Anhang. Im ersten Hauptteil werden die Grundlagen des Marketings dargestellt, im zweiten Teil werden die Techniken des modernen Tele-Business aufgearbeitet, und im dritten Teil wird anhand einer Beispielsdatenbank Telemarketing und Teleselling vorgestellt.

Grundlagen des Marketing

Die Telekommunikation hat sich in den letzten zehn Jahren
schnell entwickelt. Während vor zehn Jahren noch kaum ein
Unternehmen ein Telefaxgerät hatte, sind heute nahezu alle
Unternehmen damit ausgestattet. Durch die neuen Wege der
Kommunikation, der verbesserten Telefonanlagen (zum Beispiel Durchwahlmöglichkeit zu Ansprechpartnern) wandelt
sich auch der Vertrieb von Produkten und Dienstleistungen.
Zurückblickend auf die Zeit, wo der Verkäufer mit einem Mu-
sterkoffer die Unternehmen besuchte, ist heute der Vertrieb in
der Regel anders strukturiert. Hausbesuche werden eigentlich
nur noch zum Vertragsabschluss benötigt. Die Zeit ist kostba-
rer denn je, und der Wettbewerb ist um ein Vielfaches ge-
wachsen. Heute werden durch Faxmailings und Telemarketing-Agenturen Produkte an den Mann bzw. an die Frau ge-
bracht. Ganze Branchen haben sich auf den Telefonverkauf
ausgerichtet, neue Unternehmen wie Call-Center spriessen
aus dem Boden. Die Frage - die bleibt - ist, können die ver-
änderten Formen des Vertriebs wirklich mehr Erfolg bringen?
Diese werden wir anhand der Grundlagen in diesem Kapitel
erarbeiten.

Grundsätzlich sei jedoch ein Beispiel aus der IT-Branche genannt: Die Firma „Dell Computer Systeme" setzt bundesweit
rund 5 Mio. DM durch den direkten Vertrieb um. Sicher ist
das nur ein Unternehmen von vielen, die diese Strategie des
Direktmarketings verfolgen. Doch ein ausschliesslicher Direktvertrieb ist für viele Unternehmen nicht möglich, so dass
Mischformen des Tele-Business sinnvoll miteinander kombi-
niert werden müssen. Im ständigen Hintergrund der gesamten
Aktionen stehen jedoch die Vertriebsunterstützung und damit
die firmeneigenen Dienstleistungen gegenüber dem Vertrieb.
Weiterführend betrachtet entsteht dadurch nach dem Marketingmix nun auch ein Kommunikationsmix, als Erweiterung
zum Marketingmix, was jedoch nur den Einsatz von Kommunikationsmöglichkeiten i.e.S. darstellt.

2.1 Allgemein

Telemarketing

Telemarketing ist die Form des persönlichen Verkaufs, bei der man sich durch telefonische Kontakte um Geschäftsabschlüsse bemüht. Zum Teil werden dafür bereits spezialisierte Dienstleister in Anspruch genommen, die in den besonders wichtigen psychologischen Aspekten des telefonischen Verkaufsgespräches entsprechende Erfahrungen besitzen. Wir wollen jedoch erst einmal die Grundlagen dafür untersuchen. In den nachfolgenden Teilen stellen wir Ihnen die Organisation, den Absatz, den Vertrieb, die Corporate Identity sowie zwei allgemeine Ansätze zur Kundenbindung vor.

Absatzorganisation und Umfeld

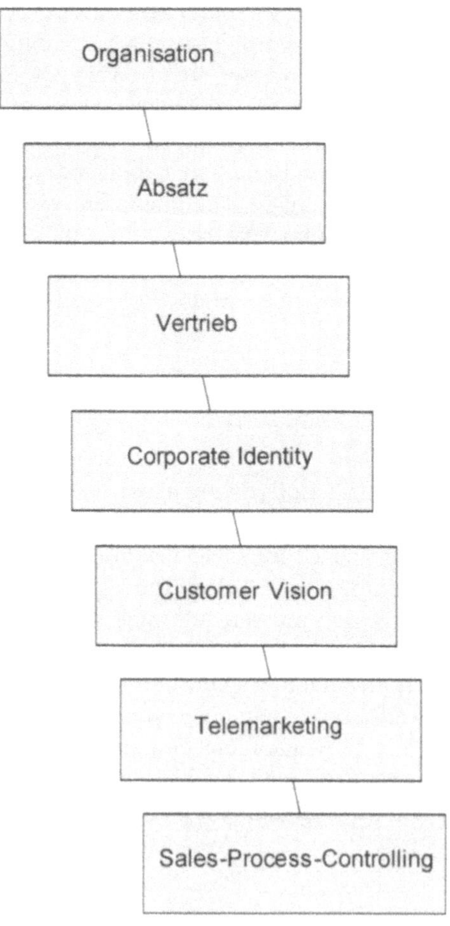

Abb. 2.1.1 Absatzorganisation

2.2 Organisation

Betriebliche Ordnung

Das gesamte betriebliche Geschehen vollzieht sich in einer bestimmten Ordnung, d.h. nach bestimmten Regelungen. Diese Ordnung wird von der Betriebsleitung geplant und mit Regelungen entsprechend umgesetzt. So wie ein Geschäftsführer den Absatz plant, muss auch das Telemarketing geplant werden. Wichtig ist, dass Telemarketing nicht eine Aufgabe des Vertriebsleiters ist oder gar eines Vertriebsmitarbeitern, sondern die Aufgabe der Geschäftsleitung. Hier müssen Regeln aufgestellt werden, wie Telemarketing durchgeführt und umgesetzt werden soll.

Organisationsstruktur

Ein weiterer Aspekt, den ich hier den nächsten Ausführungen vorweg nehmen möchte, ist die Stellung von Telefonmarketing im Unternehmen. Oft werden durch falsche Ansiedlungen im organisatorischen Bereich schon die grundlegenden Fehler der Einführung von Telemarketing gemacht. Telemarketing ist keine Stabsstelle und auch kein Unterbereich vom Vertrieb. Vielmehr sollte eine Organisation das Telemarketing wie nachfolgend dargestellt ansiedeln.

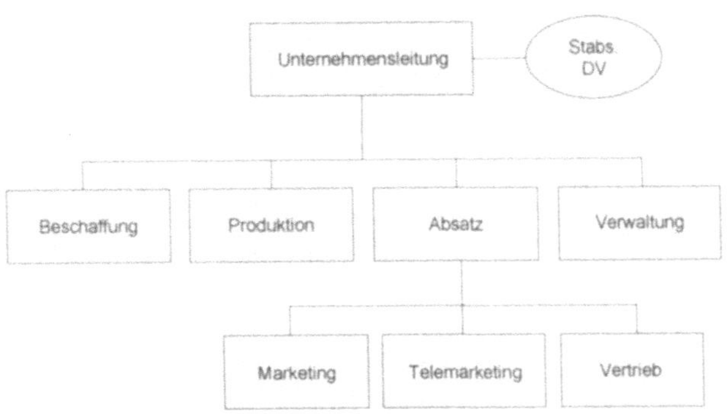

Abb. 2.2.1 Organisationsstruktur

Wichtig ist die „Gleichstellung" des Bereiches Telemarketing mit dem Vertrieb. Eine weitere bewährte Möglichkeit ist die Integration in den Bereich Vertrieb, d.h. es wird kein Unterschied zwischen den Vertriebsmitarbeiter und der TM-Kraft gemacht. Hier muss jedoch eine Teambildung erfolgen. Die Teambildung selber gestaltet sich jedoch schwieriger als erwartet. Zum einem haben Vertriebsmitarbeiter eine besonders ausgeprägte Selbstsicherheit und lassen oft einem Mitarbeiter, der nicht vor Ort bei dem Kunden ist, keine Chance. Wir haben beobachtet, dass pro Vertriebsmitarbeiter eine TM-Kraft, die zusammen als Team arbeiten, eine gute Struktur ergibt. Jedoch ist hier zu berücksichtigen, dass Provisionsregelungen entsprechend neu gestaltet werden, da die TM-Kraft als solche den Türöffner und Kontakter im Business darstellt. Wenn der Vertriebsmitarbeiter keine andere Chance hat ausser sich mit der TM-Kraft gemeinsam um das Potential zu kümmern, also keine Möglichkeiten hat alleine erfolgreich zu sein, dann werden die besten Ergebnisse erzielt.

Potentialausschöpfung

Ein TM-Mitarbeiter kann an einem Tag circa zehnmal so viele Kundenkontakte bearbeiten als ein Verkäufer. Spielen diese beiden zusammen in einem Team, dann ergibt dies durch den Vertriebsmitarbeiter vor Ort und den Kontakter im Büro eine geballte Ladung an Potentialausschöpfung. Dies werden wir jedoch im Kapitel Praxis noch genauer darstellen.

2.3 Absatz

Definition

Der Absatz ist streng genommen die letzte Phase des Betriebsprozesses. Zum Absatz oder genauer, zur Absatzpolitik gehört nicht nur die Befriedigung der bestehenden Nachfrage, sondern auch die Erzeugung neuer Nachfragen durch das Erwecken neuer Bedürfnisse (Absatzwerbung). Unter Absatz versteht man die Gesamtheit der Tätigkeit eines Unternehmens, die darauf gerichtet sind, die hergestellten oder gekauften Leis-tungen potentiellen Abnehmern zuzuführen und gegen Entgelt zu überlassen.

Marketing Problemzonen

Aus unternehmenspolitischer Sicht umfasst das Marketing folgende Problemzonen:

> Marketingphilosophie, die marketingorientierte unternehmerische Denkhaltung
> Die marketingorientierte Unternehmensorganisation und Unternehmensführung
> Einsatz der Beschaffungsinstrumente und des absatzpolitischen Instrumentariums

Die Möglichkeit des Einsatzes verschiedener absatzpolitischer Massnahmen hängt von einer Reihe von Faktoren ab (Wirtschaftszweig, Art der Güter, Verhalten und Reaktion der Käufer, Konkurrenzbetriebe...).

Preispolitische Massnahmen

Der Betrieb hat die Möglichkeiten durch preispolitische Massnahmen die Verkaufswiderstände, die sich am Markt entgegenstellen, zu überwinden oder aber zu vermindern (Preispolitik). Eine weitere Möglichkeit besteht in der Mengenpolitik.

Bedarfsanalyse

Weiterhin sollten Unternehmen eine Analyse der Nachfrage aufstellen. Hier werden Daten über die Aufnahmefähigkeit des Marktes gewonnen. Der Begriff Bedarf bezeichnet den Teil der Bedürfnisse, der infolge vorhandener Kaufkraft am Markt als Nachfrage auftritt.

Absatzketten

Ein Unternehmen sollte sich aber auch die Frage nach den Absatzwegen stellen. Absatzwege (Absatzketten) sind eine Folge aller Stufen von Absatzorganen, die ein Wirtschaftsgut regelmässig durchläuft, um vom Hersteller auf den Endabnehmer überzugehen.

Es lassen sich typische Absatzketten unterscheiden:

➤ Produzent -> Verwender
➤ Produzent -> Einzelhandel -> Verwender
➤ Produzent -> Grosshandel -> Verwender
➤ Produzent -> Grosshandel -> Einzelhandel -> Verwender
➤ Produzent -> Spezialgrosshandel -> Sortimentsgrosshandel -> Einzelhandel -> Verwender

Absatzhelfer

Zur Absatzkette gehören auch Kommissionäre, Handelsvertreter, die in der Absatzkette zwischen Hersteller und Endabnehmer geschaltet sind und absatzpolitische Funktionen übernehmen (Absatzmittler). Ebenso gehören dazu auch die sog. Absatzhelfer. Darunter werden folgende Branchen verstanden:

➤ Adressenverlage
➤ Telemarketing-Agenturen
➤ Telemarketing-Consulter
➤ Call-Center
➤ Systemhäuser / Softwarehäuser
➤ Makler
➤ Spediteure
➤ Absatzberater
➤ Marktforschungsinstitute
➤ Werbeagenturen
➤ Banken
➤ Versicherungen

Absatzformen

Absatzformen bilden die interne Struktur des Vertriebs. Hier lassen sich folgende Formen unterscheiden:

➤ Betriebszugehörige Vertriebsorgane
   ➤ Rechtlich selbständige Organe
      ➤ Vertriebsgesellschaften
      ➤ Verkaufskontor (Syndikat)
   ➤ Rechtlich unselbständige Organe
      ➤ Vertriebsabteilung
      ➤ Verkaufsniederlassung
      ➤ Reisende
      ➤ Mitglieder der Geschäftsleitung

> Absatzvermittler
>> Handelsvertreter
>> Handelsmakler
>> Kommissionär
> Betriebsfremde Vertriebsorgane
>> Grosshandel
>> Einzelhandel

Nachdem wir nun auf den Absatz eingegangen sind, wollen wir uns mit dem Vertrieb genauer beschäftigen.

2.4 Vertrieb

Handelsvertreter und Reisende

Zum direkten Absatz rechnet auch der Verkauf durch Reisende und Handelsvertreter. Der Reisende ist Angestellter des Betriebes und an seine Weisungen gebunden. In der Regel erhält eine Reisender ein Grundgehalt und Provision. Der Reisende kann im Gegensatz zu dem Handelsvertreter in der Organisation, wie weiter o.a., mit einem TM-Mitarbeiter in einem Team arbeiten.

Der Reisende kontaktet im Normalfall seine Kunden selber und bietet während eines Verkaufsgesprächs seine Ware feil. Jedoch sei erwähnt, dass der Vertriebsmitarbeiter über gute Produktkenntnisse verfügen muss, um seinen Klienten das beste Produkt und deren Anwendung transparent aufzeigen zu können. In erster Linie ist der Reisende nicht mehr wie früher der sog. „Klinkenputzer", sondern der Berater (Consulter) für diese Produkte.

Vertriebsmitarbeiter

Ein guter Vertriebsmann kann seinem Clienten auch schon einmal die Produkte des Wettbewerbs empfehlen, wenn der Kunde damit die bessere Wahl trifft. Hier ist vor allem auf die Offenheit und Ehrlichkeit des Vertriebsmitarbeiters angespielt. Wenn ein Klient auch jetzt ein Wettbewerbsprodukt kauft, so wird er sich selbst noch später daran erinnern, dass er von diesem Mitarbeiter gut bedient wurde. Diese Kunden kommen jederzeit auf diesen Verkäufer zurück. Der Vertriebsmitarbeiter weis also, wenn er heute kein Geschäft abschliesst dann vielleicht ein nächstes Mal. Schliesst er heute eins ab und der Kunde fühlt sich betrogen, schlecht beraten oder sonst wie übervorteilt, wird kein weiteres Geschäft zustande kommen. Auch wird der Klient versuchen, den Vertrag zu annullieren.

Grundsteine für die Zukunft

Die persönlichen Kontakte zwischen dem Mitarbeiter und dem Klient bringen auch die Geschäfte in der Zukunft. Ein weiteres Beispiel für gute Verkäufer ist es, wenn keine Bestechungen oder ähnliches entgegengenommen werden. Jedoch ist auch ein Unterschied vorzunehmen. Wichtige Geschäfte werden bei einem Essen besprochen und es zahlt der, der etwas verkaufen will. Weitere Regel, wichtige Kunden müssen gepflegt werden, d.h. der Vertriebsmitarbeiter muss sich selber um die Erledigung von Wünschen und die Übergabe der Geschenke zu Weihnachten kümmern. Und besondere Kunden bedürfen einer besonderen Behandlung. Dies hat jedoch nichts mit „Schmieren" im Eigentlichen Sinne zu tun.

Denkweisen im Wandel

Vielmehr hat sich das Denken in der BRD über den Vertrieb gewandelt, vom „lästigen" Verkäufer hin zum gern gesehenen Berater und Anbieter. Dieser Wandel liegt jedoch auch am zunehmenden Wettbewerb, so dass Klienten sich freuen, wenn Kontakte über Jahre hinweg erhalten bleiben. Diese vermittelt dem Klienten ein Gefühl von Sicherheit und Vertrauen. Im Laufe der Zeit baut sich zwischen einem Kunden und einem Vertriebsmitarbeiter eine harmonische und vertrauensvolle Wechselbeziehung auf.

One Face to a Customer

Eine wichtige Eigenschaft dafür ist das Prinzip „OFC". „One Face to a Customer", dass bedeutet, nicht ständig wechselnde Verkäufer oder Mitarbeiter eines Unternehmens zu einem Klienten schicken, sondern, Kontinuierlichkeit ausstrahlen und den persönlichen Kontakte, wie oben beschrieben, zwischen dem Reisenden und Klienten aufkommen lassen. Lassen Sie es also nicht zu, das ein Klient seinen Ansprechpartner nicht kennt. Das Unternehmen des Anbieters muss klar und transparent für den Klienten sein und eine Möglichkeit zum direkten Kontakt zu einem Vertriebsmitarbeiter muss gewährleistet werden.

Problemzone Hotline

Oft ist es so, das in einer Hotline immer wieder andere Ansprechpartner am Telefon sind, dass Problem wird von mehreren aufgenommen, und im schlimmsten Fall ist der Kunde schon jetzt verärgert, weil er sein Problem mehrfach schildern musste. Wenn sich dann keiner um dieses Problem kümmert und der Kunde keine sonstigen Ansprechpartner hat (zum Beispiel ein Face to Face-Verkäufer), dann wird der Unmut auf dieses Unternehmen laut. Hat er einen Ansprechpartner, wird er diesen anrufen und ihm sein Leid klagen, dieser wird sich dieser Sache annehmen und dem Kunden helfen. Dann fühlt dieser sich zwar nicht mehr so ganz gut von dem Unternehmen betreut, aber von dem Verkäufer.

Personenbezogene Kunden

Daher ist es Verkäufern auch möglich, Kunden von einem Anbieter mit zu einem anderen zu nehmen, da der Klient nicht Unternehmens-bezogen ist, sondern Verkäufer bezogen. Dieser Aspekt wird oft von Unternehmen nicht bedacht, wenn Vertriebsabteilungen geschlossen werden, umstrukturiert werden zu Direktmarketing-Unternehmen und so weiter. Das kann und wird in der Regel Kunden kosten.

Nach Aussagen von Vertriebsmitarbeitern und Käufern wird ein Kaufabschluss zu 71 % auf der persönlichen Ebene entschieden. Der Rest verteilt sich auf die Qualität und Beschaffung des Produktes und des dazugehörigen Services. Kaufen ist in der Wirtschaft eine Vertrauenssache. Das Vertrauen zu einem Mitarbeiter eines Unternehmens ist jedoch auch nur eine Sache, vielmehr muss auch durch den Mitarbeiter ein Vertrauen zu dem Unternehmen geschaffen werden. Dabei ist zu berücksichtigen, dass das Unternehmen sich selber klar darstellt. Dafür verantwortlich ist das sogenannte Corporate Identity. Diese wollen wir nachfolgend genauer untersuchen.

2.5 Corporate Identity

Identitätsbewusstsein

Ein weiteres Thema bei Telemarketing und Teleselling ist das „Corporate Identity". Dahinter verbirgt sich die Identität des Unternehmens. Will sie erfolgreich sein, braucht jede Organisation ein klares Zweckbewusstsein, das ihre Angehörigen auch verstehen. Diese Menschen brauchen ebenso ein starkes Gefühl der Zugehörigkeit. Zweck und Zugehörigkeit sind die beiden Aspekte der „Corporate Identity".

Jede Organisation ist einzigartig; ihre Identität muss aus ihren eigenen Wurzeln, ihrer „Persönlichkeit", ihrer Stärken und Schwächen erwachsen. Die Identität der Unternehmen muss so klar sein, dass sie zum Massstab wird für seine Produkte, für sein generelles Handeln wie für einzelne Massnahmen. Die Produkte die ein Unternehmen herstellt oder verkauft, müssen seine Normen und Werten gerecht werden.

Geschäftssitz als Visitenkarte

Die Gebäude, in dem es Leistungen erbringt und anbietet, seine Büros, Werke und Ausstellungsstücke – ihr Standort, wie sie möbliert und instand gehalten werden – sind allesamt Ausdruck der Identität. Das Kommunikationsmaterial der Firma, von der Werbung bis hin zur Bedienungsanleitung, muss von einheitlicher Qualität und Güte sein, und in seinem Charakter die gesamte Organisation mit ihren Zielen genau und eindeutig widerspiegeln. Zusammenfassend kann man sagen, daß Corporate Identity der auf einer Unternehmenstradition ist. Genauer gesagt, durch Corporate Identity wird eine Unternehmenstradition erfunden.

Identifizierung der Mitarbeiter mit dem Unternehmen

Eine Kernaussage der Corporate Identity ist: die Identifizierung der Mitarbeiter mit dem Unternehmen und der Corporate Identity. Corporate Identity ist keine Werbung, die ausgestrahlt wird, sondern eine Philosophie des Unternehmens, eine Tradition, die gelebt sein will und gelebt werden muss, wenn sie erfolgreich sein soll.

Visuelle Elemente

Die Palette der Gegenstände, bei denen die visuellen Elemente normalerweise angewendet werden, ist ziemlich beängstigend, wie die folgende Checkliste von Wolff Olins zeigt.

<u>Produkte und Dienstleistungen</u>

1. Produkte
    * Produktgestalltung
    * Produktindentifizierung
    * Typenschilder
    * Bedienungsanleitungen
2. Verpackung
    * innere, äussere Verpackung
    * Etiketten
    * Auslieferanweisungen
    * Installationsanweisungen

<u>Umgebung</u>

1. Innen-, Ausseneinrichtungen
    * Gebäude
    * Empfangsflächen
    * Verkaufsflächen
    * Büros
    * Werke
    * Läden
    * Ausstellungsräume
2. Schilder
    * Hauptschild
    * allgemeines Schildersystem innen/aussen
3. Ausstellungen
4. Kleidung
    * Abzeichen
    * Sicherheitshelme
    * Arbeitskombinationen
    * Kittel
    * Arbeitsblusen

<u>Grafisches Informationsmaterial</u>

1. Drucksachen
    * Briefköpfe
    * Endlosformulare

- Aktennotizen
- Kurzbriefe
- Visitenkarten
- Umschläge
- Paketaufkleber

2. Formulare
   - Buchhaltung
   - Einkauf
   - Verkauf
   - Produktion
   - Personal.

3. Publikationen
   - Unternehmen
   - Personal /Abteilung
   - Industrieverpackungen
   - Produkte

4. Fahrzeuge
   - Strassentransport
   - Werkstransport

5. Werbung
   - Unternehmen
   - Personalbeschaffung
   - Produkte/Dienste

6. Verkaufsförderung/Werbegeschenke
   - Fähnchen
   - Aufkleber
   - Krawatten
   - Werbe- und Verkaufsstellenmaterial

Visuelle Unternehmens-regeln

Dieses sind nur allgemeine Richtlinien. In jeder Kategorie gibt es zahlreiche zusätzlicher Details. Nehmen wir den Fuhrpark als Beispiel. Eine Organisation kann Tausende von Fahrzeugen haben und natürlich eine Vielfalt von verschiedenen Typen. Jedes Mal, wenn die Bemalung auf einem Fahrzeug angebracht wird, muss es sowohl dem einzelnen Lkw wie den Regeln des Programms gerecht werden. Wenn Hersteller eine Änderung an einem Fahrzeug macht, müssen die Details des Designs angepasst werden.

Kundenkontakt als Corporate Identity

Auch sollten Telefonate von verschiedenen Personen eines Unternehmens mit der gleichen Art und Höflichkeit und der Sachkenntnis erbracht werde. Hier haben wir also den seidenen Pfaden zum Telemarketing und Teleselling. Gleichbleibende Qualität und einheitliches Auftreten schaffen Tradition und Unternehmenswerte und somit die „Corporate Identity".

2.6 Customer Vision

Definition

Customer Vision heisst, unser Unternehmen mit den Augen unserer Kunden zu sehen und ihre Erwartungen zu erfüllen oder sogar zu übertreffen.

Customer Vision ist also, eine „Art Geschäfte zu machen", um den Anforderungen der heutigen, schnelllebigen Welt gerecht zu werden und entsprechend regieren und agieren zu können.

Total Quality System

Grundlage dieser Idee ist das TQS (Total Quality System) sowie die Ergebnisse verschiedener Untersuchungen, in welchen die Verhaltensweisen von Kunden und die Folge für das Unternehmen untersucht wurden. Diese Untersuchungen ergaben folgendes Ergebnis:

- Ein unzufriedener Kunde beschwert sich nicht, sondern wechselt in den meisten Fällen den Hersteller.
- Ein Kunde erzählt bis zu 20 Personen seine schlechten, aber nur bis zu 5 Personen seine guten Erfahrungen.
- Ein zufriedener Kunde wird den Hersteller nicht wechseln, ausser dass monetäre Gründe einen Wechsel unvermeidbar machen.
- Ein zufriedener Kunde kostet dem Unternehmen anfangs viel Geld, gleicht dieses aber in der Folge durch Gewinne aus.

Kernfragen

Die Idee des „Customer Vision" stellt daher vier suggestive Kundenfragen als Kernpunkt seiner Handlungsweise auf:

Zufriedenheit
Haben Sie meine Erwartungen erfüllt oder übertroffen?

Lösung
Können Sie meine Probleme lösen?

Verständnis
Verstehen Sie mein Bedürfnis oder mein Anliegen?

Vertrauen
Vertraue ich Ihnen und Ihrem Unternehmen?

Warum verlassen Kunden das Unternehmen

Weiterhin wurde nach Gründen gesucht, warum Kunden ein Unternehmen verlassen. Eine weltweite interne Studie der Fa. „Lanier" kam hier zu folgendem Ergebnis:

Von 100 Kunden verlassen das Unternehmen

01% durch Tod

03% durch Standortwechsel

05% durch Einfluss Dritter

09% durch Wettbewerb der Konkurrenz

14% durch Unzufriedenheit mit Produkten

68% durch Gleichgültigkeit <u>eines</u> Mitarbeiters

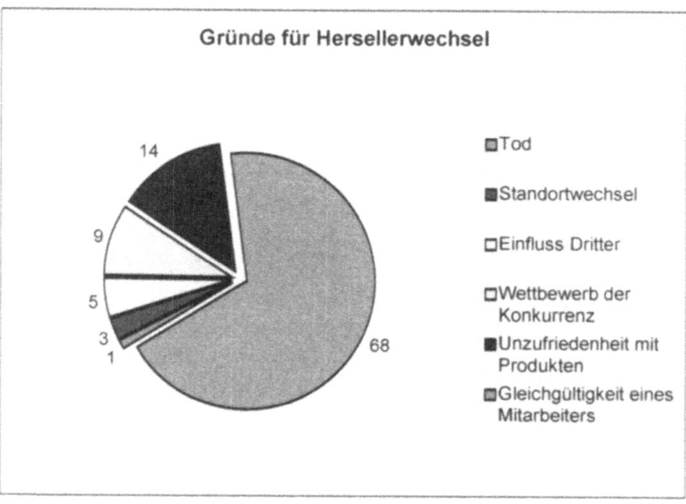

Abb. 2.6.1 Herstellerwechsel

Anlässlich dieses Ergebnisses stellen wir die Fragen:

Was bedeutet ein Kunde für uns?

Was kostet uns ein verlorener Kunde?

Anhand der statistischen Daten der Firma Lanier wollen wir das Ergebnis in den nachfolgenden Tabellen darstellen:

Kundenart Produkt	Unternehmen allgemein FAX	Gesundheitswesen Voice Produkte	Regierungsbehörden Kopierer
Gerät, 1. Jahr	2.700,00 US$	197.000,00 US$	500.000,00 US$
Weitere Einnahmen in 5 Jahren (Service, Support,...)	2.300,00 US$	125.000,00 US$	2.000.000,00 US$
Gesamt	**5.000,00 US$**	**322.000,00 US$**	**2.500.000,00 US$**

Abb. 2.6.2 Bedeutung eines Kunden

Kundenart	Unternehmen allgemein	Gesundheitswesen	Regierungsbehörden
Urprüngliche Umsatzeinbuße	5.000,00 US$	322.000,00 US$	2.500.000,00 US$
Verlorener Folgeverkauf	5.000,00 US$	322.000,00 US$	2.500.000,00 US$
Verkauf in einer anderen Produktlinie	500,00 US$	32.000,00 US$	250.000,00 US$
Beeinfussung eines anderen Kunden	5.000,00 US$	322.000,00 US$	2.500.000,00 US$
Gesamt	**15.500,00 US$**	**998.000.00 US$**	**7.750.000,00 US$**

Abb. 2.6.3 Kosten eines verlorenen Kunden

Neun Prinzipien für den Dienst am Kunden

Als Resultat dieser Untersuchung legte die Fa. Lanier dann folgende neun Prinzipien als „Dienst am Kunden" für ihre Mitarbeiter fest:

1. Vermeiden Sie Überraschungen

2. Machen Sie es nicht zu kompliziert

3. Sorgen Sie für glorreiche Comebacks

4. Schaffen Sie Begeisterung

5. Hören Sie den Kunden zu

6. Achten Sie auf Kleinigkeiten

7. Konzentrieren Sie sich auf „High-Tech" und „Low-Tech"

8. Weniger versprechen, mehr bieten

9. Bewerten Sie Leistung

Historische Entwicklung der Customer Vision Philosophie

Äusserte sich Customer Vision anfänglich in Produktversprechungen des Unternehmens gegenüber dem Kunden, wurde durch das anschliessend eingeführte Schulungsprogramm das gesamte Unternehmen in der Kundenorientierung geschult. Dass hierbei nicht nur die Philosophie erklärt wurde, sondern auch anerkannte Verkaufsförderungstechniken integriert und aufgegriffen wurden, versteht sich von selbst.

Hauptproblem jedoch war die Annahme dieser Vision bei den Mitarbeitern. Daher wurden diese Schulungen durch Anregungen der Mitarbeiter sowie der Unternehmensleitung in Form von Diskussionen und Änderungsvorschlägen installiert. Hierdurch liessen sich die Probleme des Unternehmens effektiv feststellen und letztendlich beheben.

Somit war gewährleistet, dass von der Telefonzentrale bis zum Vorstand des Unternehmens jeder Customer Vision vertritt, da sich jeder in Diskussion, Vorschläge und Fragestellungen im Unternehmen einbringen kann. Dadurch ist aus diesem Unternehmen eine Art „Familie" geworden.

Erst wenn die untere Führungsebene die Philosophie des Managements unterstützt, ist ein Unternehmen erfolgreich.

<table>
<tr><td>Chronologie Customer Vision</td><td>Chronologisch stellt sich die Entwicklung von Customer Vision in dem Unternehmen Lanier wie folgt dar:</td></tr>
</table>

1987 Harris/3M entwickelt das strategische Ziel, die Erwartungen des Kunden zu erfüllen und gegebenenfalls noch zu übertreffen

1988 Das Harris/3M-Kopierer-Versprechen wird weltweit eingeführt

1989 Harris/3M und Lanier Voice Products werden Lanier Worldwide

1990 Customer Vision wird in allen Unternehmensbereichen eingeführt

1991 Das Lanier Performance-Versprechen wird eingeführt

1992 Das Lanier Performance-Versprechen wird weltweit übernommen, das Customer Vision-Schulungsprogramm wird eingeführt

2.7 EUPACO – Vertriebsablauf

Verkaufsprozesse kann man in einem Ablauf darstellen. Grundlage eines jeden VUS (Vertriebsunterstützungssystem) ist es, diese Prozesse zu überwachen und zu kontrollieren, damit Vertriebsmitarbeiter nicht den „Überblick" verlieren.

Ein Verkaufsprozess sieht wie folgt aus:

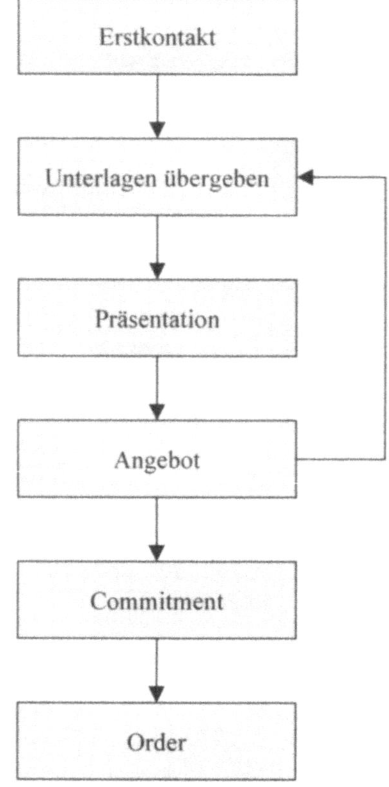

Abb. 2.7.1 Verkaufsprozeß

Zwischen den einzelnen Segmenten Änderung von Konditionen und Unterlagen übergeben ist eine Schleife geschaltet, die es ermöglicht, bei einem Kunden in eine andere Richtung weiter zu akquirieren (Rückkopplung).

Der Vertrieb kann darauf abgestimmt werden. Interessant ist es für das Management zu wissen, wie viele Prozesse laufen pro Vertriebsmitarbeiter in welchen Stufen. Gleichzeitig kann man die Stufen durch zusätzliche Einschätzungen der Abschlusswahrscheinlichkeiten entsprechend für einen späteren Zeitraum statistisch hochrechnen. Somit wird auch der Vertrieb für das Management kurzfristig planbar und auch steuerbar.

Gleichzeitig sollten Analysen angestellt werden, warum man bei einem Interessenten gewinnt oder verliert und gegen wen. Nach wie vor ist es wichtig, seinen Wettbewerb zu kennen und zu wissen, wo dessen Stärken und Schwächen liegen.

2.8 Öffentlichkeitsarbeit

Definition

Öffentlichkeitsarbeit, engl. Public Relations oder auch PR genannt, ist der Begriff zur Kennzeichnung von Kommunikationsbeziehungen zwischen öffentlichen oder privaten Institutionen und der Öffentlichkeit bzw. aller Massnahmen, die im Zuge dieser Aktivitäten zur kontinuierlichen Information über Einstellungen, Meinungen und Verhalten eingesetzt werden. Häufig steht die Rechtfertigung spezifischer Interessen gegenüber den Erfordernissen des Gemeinwohls im Vordergrund. In ihrer doppelten Funktion, Organisationsinteressen zu vertreten und öffentliche Interessen in die Organisation einfliessen zu lassen, kann Öffentlichkeitsarbeit dazu beitragen, einen Interessenausgleich zwischen einander zugeordneten gesellschaftlichen Bereichen zu schaffen, Spannungen zu begrenzen und Konflikte konstruktiv auszutragen. Weiter hilft sie im Prozess öffentlichen Meinungsbildung mit, den politischen, wirtschaftlichen und sozialen Handlungsspielraum zu schaffen und zu sichern. Hauptaufgabe ist die Imagepflege und Vertrauenswerbung. Sie soll Aufmerksamkeit erregen, Sympathien gewinnen, Verständnis und moralische Unterstützung sichern und Vorwürfe, Kritik und ähnliches zurückzuweisen oder korrigieren. Zur Herstellung von Interessenharmonie wird dabei auf sichtbare Leistungen Bezug genommen. Insbesondere Sozialbilanzen, in denen über den gesellschaftlichen Nutzen Rechenschaft abgelegt wird, bedienen sich dieser Praxis. Öffentlichkeitsarbeit zielt im Unterschied zur Werbung für ein spezifisches Produkt nicht unmittelbar auf den Verkauf von Gütern und Dienstleistungen, sondern auf ein positives Meinungsklima für die jeweiligen Institutionen. Neben die Werbung nach aussen tritt die Orientierung nach innen, mit dem Ziel, die eigenen Mitarbeiter für ein homogenes Erscheinungsbild zu gewinnen (Corporate Identity), ein Wir-Gefühl zu vermitteln und Motivationen zu steigern. Hilfsmittel sind hier unter anderem neben einer kommunikativen Organisationsstruktur auch Werks- und Hauszeitschriften.

Ausdehnung des Bereiches

Während Öffentlichkeitsarbeit ursprünglich für Wirtschaftsunternehmen typisch war und vom Marketing als Instrument der unternehmerischen Kommunikationspolitik angesehen wird, hat sich durch eine Zunahme der Verflechtungen zwischen Wirtschaft und Gesellschaft und vielen anderen durch die Einführung neuer Kommunikationstechniken (zum Beispiel des Fernsehens) eine Ausdehnung seines Anwendungs-bereichs ergeben. Neben Organisationen aus den unter-schiedlichsten Bereichen und gesellschaftlichen Ebenen be-mühen sich auch Regierungen und Behörden um die Pflege ihres öffentlichen Erscheinungsbildes.

Telemarketing als Indikator für PR

Nebenbei sei jedoch erwähnt, dass durch die Mitarbeiter des Telemarketings in gewisser Weise auch Öffentlichkeitsarbeit geleistet werden kann. Durch Kontaktpflege und den After-Sales-Bereich sowie die generelle Kontaktierung von Adressen ist eine direkte Kommunikation auf breiterer Ebene, wie sie nur durch Vertriebsmitarbeiter gewährleistet wird. Wichtig ist, dass die typischen Herstellerprobleme im Gespräch mit dem Partner in den Hintergrund rücken. Vorstellung vom Unternehmen ist eine der Tätigkeiten im Bereich der „Neukunden-Akquise". Dabei sei jedoch noch einmal gesagt, dass ein TM-Mitarbeiter zirka zehnmal x so viele Kontakte am Tag erreichen kann wie ein Vertriebsmitarbeiter (Reisender).

2.9 Telemarketing

Handel mit Informationen

Informationen werden heute gehandelt wie Produkte. Die Informationsbeschaffung ist eine Dienstleistung. Das Sprichwort „Wissen ist Macht" zahlt sich heute in barer Münze aus. Das Internet verändert die Gesellschaft. Märkte wachsen zusammen, es entstehen neue Regionen, die keinerlei geographischen Zusammenhang haben. Als internationale Sprache hat sich das „Broken English" entwickelt. Über die modernen Kommunikationswege werden die Kommunikationszeiten erheblich verkürzt. Auch die Märkte ändern sich zusehends. Früher war der Marktplatz im Dorf das Zentrum des Handels. Das Telefon löst heute jedoch den „Marktschreier" ab und wird zum Informationsmedium Nummer eins, gefolgt von Telefax, Internet, Email.

Definition

Telemarketing ist keine ausschliessliche Direktmarketing-Strategie, sondern vielmehr eine Kombination von Vertriebswegen. Tele-Business wird unterteilt in Telemarketing und Teleselling. Dazu kommt noch etwas vage der Begriff des Internet-Sales. Diesen werden wir hier jedoch nicht betrachten.

Aktionen im Tele-Business

Tele-Business kann durch nachfolgende Aktionen den klassischen Vertrieb unterstützen:

➢ Adressenmaterial beschaffen und qualifizieren
➢ Interessenten Bedarfsanalyse / Potentialermittlung
➢ Terminvereinbarungen und Überwachung der Kontakte
➢ Kundenkontaktpflege / TQM – Unterstützung
➢ Vorstellung von neuen Produkten und Dienstleistungen
➢ Versenden von Informationen aufgrund von Anfragen
➢ Pflegen der Kundendatenbank / des Informationspools
➢ Kunden – Zufriedenheit – Analyse
➢ Datenbankanalyse / Auswertung von Informationen

Informationsgewinnung

Im Vordergrund des Tele-Business steht die Informationsgewinnung und direkte Auswertung. In der Praxis hat sich jedoch gezeigt, dass viele Informationen im jetzigen Augenblick wertlos sind, jedoch durchaus mittelfristig zu Geschäften führen können. Daher ist das Tele-Business eng mit Database-Marketing verknüpft.

Wichtig für ein funktionierendes Tele-Business ist eine Datenbank und deren regelmässige Auswertung.

Durch den Preisverfall in der IT-Branche sind heute selbst von kleinen Unternehmen solche Systeme finanzierbar. Durchschnittlich belaufen sich die Projektkosten für fünf Arbeitsplätze auf rund 50 TDM. Dies ist eine Investition, wie wir später noch feststellen werden, die sich mittelfristig amortisiert.

2.10 Klassisches Marketing

Definition

Nachdem wir nun einen kurzen Ausblick auf die Zukunft des Marketings hatten, wollen wir nun die klassischen Methoden betrachten.

Unter Marketing (zu deutsch Handel treiben) versteht man die Gesamtheit der Massnahmen, die unmittelbar auf Verkauf, Vertrieb und Distribution von Gütern gerichtet sind (insoweit gleichbedeutend mit Absatz oder Absatzwirtschaft). Heute versteht man darunter jedoch eine unternehmerische Konzeption, die davon ausgeht, dass sich alle Unternehmensaktivitäten zur optimalen Erfüllung der Unternehmensziele am Markt zu orientieren haben (marktorientierte Unternehmensführung, marktorientierte Unternehmenspolitik).

Die drei Komponenten

Marketing umfasst als unternehmenspolitisches Konzept drei Komponenten:

1. Das Marketing-Konzept, bei dem das Leistungsangebot (Produktprogramm) eines Unternehmens an die Bedürfnisse bestimmter Nachfragergruppen unter Berücksichtigung der eigenen Wettbewerbsposition möglichst optimal angepasst wird. Dieses ist auch unter dem Begriff „Marketing als Maxime" bekannt. Dies bedingt den Einsatz von Marketingforschung und Marktforschung zur Entdeckung von unbefriedigten Bedürfnissen oder die kreative Entwicklung neuer Problemlösungskonzepte. Durch diese Innovationsstrategie wird die passive Imitationsstrategie überwunden. Das produktions- oder verkaufsorientierte Denken wird zur konsequenten kundenorientierten Unternehmenspolitik gewandelt.

2. Die zweite Komponente des Marketings ist der aktive und kreative Einsatz verschiedener absatz- oder marketingpolitischer Instrumente zur Erschliessung, Beeinflussung und Gestaltung eines Marktes sowie die bewusste Marktdifferenzierung durch Bildung von Marktsegmenten. Dies wird auch als „Marketing als Mittel" bezeichnet. Im Einzelnen betrachtet ergibt sich dabei eine Fülle von möglichen Massnahmen. Diese wollen wir nachfolgend einmal nennen:

> Produktpolitik
> Kommunikationspolitik
> Preispolitik
> Distributionspolitik

Diese müssen einheitlich dem Wettbewerber gegenüber profilierend gebündelt werden. Damit entsteht ein sogenannter Marketingmix, der im Zusammenspiel mit allen Massnahmen die gewünschte Wirkung erreicht.

3. Als dritte Komponente wird Marketing durch ein systematisches, auf Rationalität und Effizienz ausgerichtetes Management verhalten charakterisiert (Marketing Management), bei dem Planung, Organisation und Kontrolle zur zielbewussten Steuerung von Marketingprozessen eingesetzt werden (Marketing als Methode). Dazu werden in der strategischen Marketingplanung u.a. die Geschäftsfelder eines Unternehmens festgelegt und im operativen Marketing das hierzu erforderliche Marketingmix entwickelt, um eine konsistente Marketingpolitik zu ermöglichen.

Die vier Grundrichtungen im Marketing

Der Anwendungsbereich des Marketings hat sich in vier Richtungen ausgeweitet.

> Konsumgüter – Marketing
> Investitionsgüter – Marketing
> Dienstleistung – Marketing
> Beschaffungs- und Personalmarketing

Exportmarketing

Ein zusätzlicher Bereich des Marketings ist das internationale oder multinationale Marketing, das über die Organisation der Ausfuhr (Exportmarketing) hinausgeht und zum Beispiel auch die Erschliessung und Bearbeitung der Auslandsmärkte durch Direktinvestitionen umfasst.

Social Marketing

Ein weiterer Bereich des Marketing, dass über das gewinnerzielende, kommerzielle Marketing hinausgeht, ist das sogenannte Social Marketing oder auch Sozio-Marketing genannt (Marketing of non-profit organizations).

Hierunter wird der Einsatz von Marketingtechniken für immaterielle Güter verstanden; es wird zunehmend auch im kommerziellen Bereich eingesetzt.

Hier sei die „gesunde Naturkost Kantine" oder aber die Förderung von sozialen Einrichtungen erwähnt. Am Beispiel von McDonald's kann man das sehr deutlich an den eigenen Mütter – Kinder – Zentren erkennen. Aber auch die Bereiche der öffentlichen Verwaltung, politischen Parteien, Bildungseinrichtungen oder aber Verbraucherverbände sind auf dem Wege zum Social Marketing.

An den Marketingaktivitäten schliesst sich ein neuerer Bereich an, das sogenannte „Relationship Marketing" oder aber auch „Beziehungsmarketing".

2.11 Relationship Marketings

<table>
<tr><td>Intention</td><td>

Relationship Marketing ist kein neues Marketingmodell, sondern vielmehr eine Marketingdefinition. Definitionen neuerer Marketingkonzepte enthalten schon das Basiselement Beziehung für eine grundlegende Marketingorientierung. Relationship Marketing beinhaltet eine Reihe von Theorien, wie zum Beispiel Value-Marketing, Database-Marketing oder gar Integrated Marketing und bildet dadurch eine besonders grosse Bandbreite an Marketingforschung. Der Fokus liegt dabei jedoch auf der Analyse und Bearbeitung der relevanten Marktbeziehungen und ihrer Lenkung als solche. In diesem Zusammenhang lässt sich das Relationship Marketing als Planung und Koordination sowie Kontrolle von neuen und bestehenden Geschäftsbeziehungen eines Marketers definieren.
</td></tr>
</table>

Weitere Definitionen sind dahingehend aufgebaut, dass es für alle Geschäftsparteien von grossem Nutzen sein kann, sich auf bestehende Beziehungsnetze zu konzentrieren und diese aktiv und identifizierend zu gestalten.

Zielsetzung ist es, eine langfristige Verbindung zwischen der Unternehmung als solcher und dem Kunden aufzubauen, zu erhalten und zu vertiefen. Die bei dem Kunden entstehende Bindung (Involvement) und Loyalität, hervorgerufen von einem planmässigen Relationship Marketing, sichert der Unternehmung Wiederholungskäufe und Wettbewerbsvorteile.

<table>
<tr><td>Ziele</td><td>

Das vorrangige Ziel des traditionellen Marketingverständnisses bilden die Hauptinteressen der Marketingaktivitäten und damit der Maximierung des Absatzvolumens. Vorrangiges Ziel im Sinne des Relationship Marketing ist es jedoch, gewonnene Kunden für Transaktionen nicht wieder zu verlieren, sondern vielmehr diesen Kundenstamm auszubauen und zu festigen. Umso grösser die Bindung zwischen der Unternehmung und dem Kunden ist, umso schwieriger wird es für Wettbewerber, diesen Markt zu bearbeiten. Eine intensive Kundenbindung kann nur dann erreicht werden, wenn das Marketing in seiner Gesamtheit abgestimmt wird um diesen Prozess zu unterstützen. Hierbei sollten wir an die „Überraschungseier" denken. Es gibt keinen direkten Wettbewerb und kein direktes Alternativprodukt. Und die Werbung als solche Unterstützt die Kundenbindung an dieses Produkt, die
</td></tr>
</table>

hervorragende Qualitätssicherung garantiert hier den Absatz langfristig. Denken wir an die Philosophie Customer Vision, so erkennen wir, dass ein geprellter Kunde, eine fehlerhafte Charge ein herber Verlust sein kann. Nur wenige Unternehmen verstehen es, ein solches Markenbewusstsein aufzubauen und ihre Position mit diesem Produkt in diesem Markt zu verstärken. Der Kunde hat Vertrauen zu diesem Produkt und wird es in der Regel anderen Produkten vorziehen. Das Vertrauen ist einer der wichtigsten Bindungsfaktoren in der Beziehung zwischen der Unternehmung und des Kunden.

Transaktion als Beginn der Interaktion

Im klassischen Marketing ist die Interaktion zwischen dem Käufer und Verkäufer dann beendet, wenn die Transaktion abgeschlossen ist, also der Absatz eines Produktes. Im Sinne des Relationship Marketing hingegen verändert sich das dahingehend, dass die Transaktion nicht das Ende der Interaktion ist, sondern vielmehr der Anfang. Hiernach kann das gewonnene Vertrauen weiter vertieft werden, die neuen Bedürfnisse des Marktes können erkannt werden und sogar die Wiederholungskaufrate wird durch After-Marketing und Database-Marketing intensiviert. Wichtig dabei ist, dass das Netz der Beziehungen (und damit auch die wesentliche Komponente der zwischenmenschlichen Beziehung) gestärkt und gar ausgebaut wird.

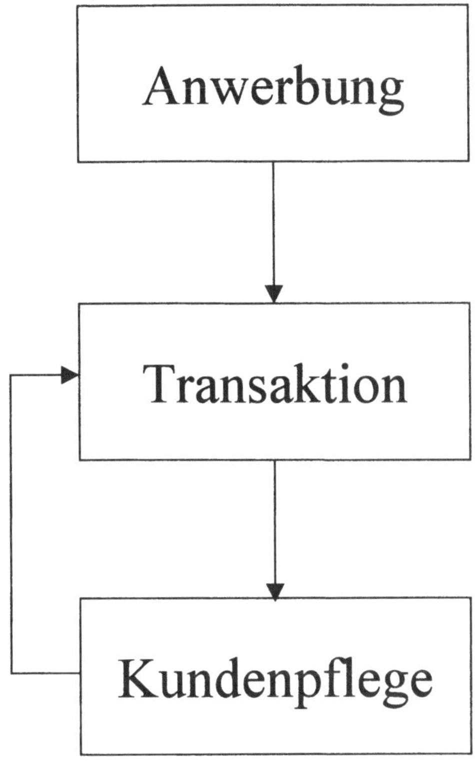

Abb. 2.11.1 Interaktion

Voraussetzung für die
Implementierung

Sollte einmal aufgrund von unüberwindbarer Defizite die Beziehung in Frage gestellt werden, ist dieses die Abwägung
von Kosten und Nutzen der Beziehungserhaltung. Oft sind
Kunden aufgrund einer solchen Beziehung an einen Lieferanten gebunden und wechseln diesen nicht sofort. Hingegen
ohne diese Beziehungen würde ein Kunde schon gewechselt
haben. Wichtig ist jedoch, das diese Schwächen durch Telemarketing oder Database-Marketing aufgespürt und behoben
werden.

Unabdingbar für ein Relationship Marketing ist die erfolgreiche Implementierung dieser Abläufe und der Aufbau eines
realtime Informationssystems (Database-System) für die
Sammlung von Daten über ehemalige, aktuelle und potenti-
elle Kunden.
Diese Daten können sich auf einfache Adressen beziehen

und bis hin zu einer Marketing-Datenbank aufbauen, wobei dann für das Unternehmen interessante Kennziffern erfasst werden müssen. Dazu möchten wir hier einige Beispiele nennen: Einkommen, Alter, Geschlecht, Hobbys, Urlaubsziele, Ausbildung, Erziehung, Lebensstil und potentielles Einkaufsverhalten (Objekte, Beträge, Frequenzen).

Für das im Markt zu platzierende Produkt kann dann über diese Kriterien ein potentieller Kundenkreis ermittelt werden, und die laufenden Kosten des Sales-Bereiches können dadurch gemindert werden. Gleichzeitig kann vorher eine genauere Aussage über das Marktverhalten zu einem solchen Produkt getroffen werden.

Informationsgewinnung

Die laufende Informationsgewinnung für diese Datenbank kann dabei durch folgende Aktionen erfolgen:

- Telefonmarketing – Aktivitäten
- Direct-Mailings mit Antwortkarten
- Gewinnspielen mit Antwortkarten
- Kundenclubs, die über Mitgliederausweise die Speicherung von relevanten Daten ermöglichen
- Beschwerdemanagement, damit erhält man Mängel im Angebot von den Betroffenen (Kunden) mitgeteilt und unterbindet gleichzeitig zum grössten Teil die negative Mund-zu-Mund-Werbung.

Beschwerdemanagement

Das Beschwerdemanagement unterstreicht insbesondere das Relationship Marketing durch im Beschwerdefall problemlosen Austausch und Nachbesserung. Der Kunde fühlt sich dadurch bestmöglichst betreut. Fehler dürfen passieren, jedoch muss eine Nachbesserungsmaßnahme direkt greifen um den Kunden im zweiten Anlauf zufrieden zu stellen. Eine weitere Einflussmöglichkeit liegt darin, dem Kunden einmal absichtlich ein minderwertigeres Produkt zu liefern, das diesen zu einer Beschwerde veranlasst. Aufgrund der exzellenten und zuvorkommenden Behandlung im Beschwerdemanagement kann dieser zu einem loyalen und zufriedenen Kunden werden.

Abgangsprotokoll

Sollten Kunden abwandern, sollte hier ein Abgangsprotokoll mit dem Kunden erstellt werden, um den genauen Zeitpunkt und die Gründe für seine Abwanderung zu erfahren und gegebenenfalls zu ändern. Nur so kann man vorhandene Kunden und neue Kunden halten und verhindert somit, dass die gleichen Fehler wiederholt werden. Diese Interviews mit ehemaligen Kunden liefern genauere Informationen und spezifischere Erkenntnisse als herkömmliche Marketingprojekte dies jemals können. Aufgabe ist es, soweit die Abwanderung nicht mit dem ökonomischen oder geographischen Gebiete oder interner beziehungsweise externer politischer Gründe begründet werden kann, diese über das Relationship Marketing zu verhindern. Wandert ein Unternehmen wegen eines unangepassten Preise oder gar der unterliegende Kundenservice gegenüber der Konkurrenz ab, so müssen wir über unsere Modell nachdenken. Denn etwas ist ganz sicher passiert, dass der Kunde überhaupt bereit war, eine anderes Produkt zu testen und sich davon überzeugen zu lassen. Wäre hier die Bindung stark genug gewesen, wäre es nicht zu einem Test und damit zu einer Abwanderung gekommen. Das Relationship Marketing hat dann versagt. Wichtig ist jedoch, über ein Abwanderungsinterview festzustellen, warum die Bindung lockerer wurde (zum Beispiel durch die Abwanderung eines Mitarbeiters). Aufgabe sollte es nun sein, diesen Kunden zurück zu gewinnen. Anzufügen bleibt hier, dass der klassische Bereich des Relationship Marketing im Bereich der Investitionsgüter liegt. Hier zeigt sich im stark umkämpften Markt schnell und deutlich die Effizienz im Umgang mit den Beziehungen. Ebenso jedoch eignet sich Relationship Marketing für Dienstleistungsbereiche und Konsumgüter, wobei bei den Konsumgütern nicht der direkte Endverbraucher die Beziehung darstellt, sondern der Händler. Jedoch greifen für den Endverbraucher (Konsument) auch die Regeln wie Beschwerdemanagement oder Kundenclubs.

Anwendung Konsumerbereich

Für die Anwendung im Konsumerbereich muss jedoch ein augmentiertes Produkt angeboten werden. Das bedeutet eine zusätzliche Leistung, die für den Kunden einzigartig und von der Konkurrenz schwer zu imitieren ist. Für den Kunden heben sich Wert und Angebot des Verkäufers vom Wettbewerb erkennbar ab beziehungsweise sind differenziert, jedoch behält das Produkt seinen typischen Charakter.

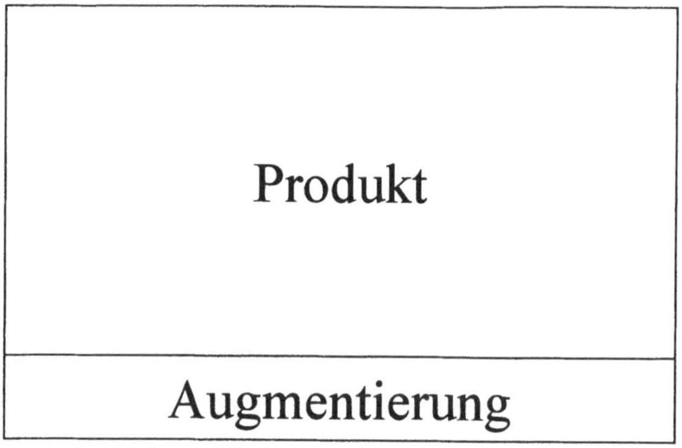

Produkt

Augmentierung

Abb. 2.11.2 Augmentierte Produkte

Andere Anwendungsbereiche

Das Eingehen auf individuelle Kundenwünsche ist in der Computerbranche durchaus üblich und wird mit relationship customization bezeichnet. Dass das Relationship Marketing im Konsumgüterbereich vorzugsweise im Gebiet der augmentierten Produkte angewendet wird, liegt daran, dass im Bereich der undifferenzierten generischen Produkte in letzter Konsequenz nur der Preis als Verkaufsargument geltend gemacht werden kann, durch den allein aber kaum Kundenloyalität erzeugt werden kann.

Durch gezielte, beziehungsorientierte Investitionen beispielsweise im Bereich Database-Marketing haben Unternehmen nicht nur einzigartige Beziehungen mit den Kunden, sondern auch innerhalb der Unternehmungen, mit den Lieferanten und sogar mit Konkurrenten (strategische Allianz), dem Staat oder gar Nonprofit-Unternehmen. Diese Art wird auch als Partnership investments bezeichnet. Damit entsteht eigentlich ein Wettbewerb zwischen den einzigartigen Beziehungsnetzwerken. Durch die Teilhabe an Netzwerken wird eine Chance für einen Wettbewerbsvorteil eröffnet.

Nutzen

Im letzten Abschnitt haben wir die thematische Abgrenzung der Inhalte des Relationship Marketing betrachtet und werden nun im nächsten Abschnitt auf die Nutzen der Beziehungsnetzwerke eingehen. Jedoch möchten wir nocheinmal darauf hinweisen, dass die hier getrennten Nutzen für Verkäufer und Käufer in der Praxis interdependent im Sinne einer Partnerschaft sind. Das bedeutet, dass der jeweilige relationale Nutzen für die beiden Parteien (Verkäufer <-> Kunde) durch eine auf Vertrauen basierende Zusammenarbeit erreicht wird.

Relationship Marketing versus Transaktions-marketing

Der Vorteil für das Relationship Marketing im Gegensatz zu dem Transaktionsmarketing liegt darin, dass die Kundenbindung potentiell rentabler ist als die laufende Neukundenakquisition.

Die Gründe dafür sind, dass Anwerbungskosten für Neukunden aufgrund der Wirkungsabnahme höher liegen. Daher sind auch die Gesamtkosten einer Tranksation wesentlich höher als Transaktionen bei vorhandenen Kunden. Tätigkeiten wie relevante Preise, das Verhandeln usw. fallen bei Kunden in der Regel schon weg.

Diese Kosten verringern sich jedoch mit zunehmendem Beziehungsnetzwerk und erfolgreicher Einführung des Relationship Marketings.

Relationship Marketing hat im Vergleich zu Transaktionsmarketing einen kosteneffizienteren Ansatz, dadurch, dass der Verkäufer den Kunden und seine individuellen Wünsche kennt und auch über die notwendigen Informationen wie Zahlungsmoral und Zahlungsfähigkeit verfügt und diese Daten zeit-gerecht (realtime) abrufen kann, ein Vorteil gegenüber Neukunden. Alle Erfahrungen mit einem Kunden können in einer Database-Marketing-Datenbank gespeichert und abgerufen werden. Bei Neukunden hingegen müssen diese Erfahrungen erst gemacht werden. Erfahrungen kosten Unternehmen jedoch eine Menge Geld und dieses muss Betriebswirtschaftlich betrachtet durch Folgeaufträge refinanziert werden. Jedoch ist es sehr schwierig, einen Neukunden zu einem Dauerkunden umzuwandeln. Die Erfahrungen aus diesen Bemühungen sollten dann gespeichert werden und von jedem Betreuer abrufbar sein. Der weitere Vorteil in einer Database-Marketing-Datenbank liegt darin, dass diese Erfahrungen mit einem Kunden nicht durch Abwanderung eines Mitarbeiters bei dem Verkäufer verloren gehen, sondern zu 80 Prozent bis 90 Prozent in der Datenbank gespeichert sind und von einem neuen Mitarbeiter abgerufen werden können. Der weitere Vorteil liegt darin, durch die Ausnutzung von Know-how-Synergien bei der Befriedigung von Kundenbedürfnissen (economies of scope) einen Kosten- und Wettbewerbsvorteil zu haben. Ein anderer Vorteil liegt in der Marktforschung, hier können über diese Datenbank und das Beziehungsnetzwerk Bedürfnisse nach neuen Produkten festgestellt werden. Kundenbegleitende Informationsgewinnung sowie das Beschwerdemanagement können außerdem effizienter und Produkteinführungen aufgrund des bestehenden Testmarktes durchgeführt werden.

Hinter der Grösse „Customer-Livetime" steht eigentlich eine Kernaussage des Relationship Marketings. Hier werden Kennzahlen für die Beurteilung von Kundenattraktivität herangezogen und eine Summe aller zukünftigen generierbaren Geschäfte errechnet. Je länger ein Kunde einem Unternehmen treu bleibt, desto rentabler ist dieser Kunde.

Nutzen für den Käufer

Weitere Vorteile liegen auch in den Möglichkeiten des klassischen Marketings wie zum Beispiel:

- Maßgeschneiderte Sortimente
- Differenzierungsmöglichkeit zu anderen Anbietern
- Kundenbindung durch Mobilitätsbarrieren, dass bedeutet das Wechseln eines Herstellers / Dienstleisters ist für den Kunden mit Wechselkosten verbunden
- Kundenbindung durch Augmentierungen, dass bedeutet der Kunde muss auf besondere Eigenschaften (wie schon weiter oben beschrieben) verzichten
- Auf ruinöse Preiskämpfe verzichtet der Kunde

Bei langfristigen Beziehungen werden für den Käufer auch Transaktionen kosteneffizienter. Dabei liegen im Wesentlichen folgende Aspekte zur Bindung an einen Hersteller oder Dienstleister vor:

- Benötigte Zeit und Kosten der Entscheidungsfindung
- Suche und Analyse von Informationen über alternative Anbieter entfällt
- Profitierung der oben genannten Differenzierung von Produkten (solange sich daraus ein Nettonutzen in Geldeinheiten ableiten lässt)
- Informationen über Verlässlichkeit und Qualität
- Prestige
- Image

- Zugehörigkeitsgefühl
- Anerkennung

Eine Analogie zur Verkäuferbetrachtung zeigt eine Wechselwirkung im Bereich des customer lifetime value. Je länger ein Kunde dieses Beziehungsnetzwerk aufrecht hält um so grösser ist seine Wertschätzung und befriedigende Behandlung durch den Verkäufer garantiert.

Marketingmix stellt hier eine Kombination von Marketinginstrumenten dar, die in Bezug auf das Relationship Marketing eine abgestimmte Kundenbeziehung aufbauen, erhalten oder ausbauen.

Aufgaben des Operativen Marketing im Relationship Marketing

Im Sinne von Relationship Marketing ist jedoch nicht nur eine Beziehung stimmig, wenn diese loyal oder partnerschaftlich ist, sondern auch rentabel. Zum operativen Marketing gehört auch die Selektion attraktiver Beziehungsnetze. Hierbei dürfen jedoch nicht nur die bisherigen Merkmale aus der Datenbank berücksichtigt werden, sondern vielmehr auch die der zu erwartenden Einkommensentwicklung und beruflichen Laufbahn des Kunden. Hier stellen wir nun wieder die wechselnde Bedeutung der Beziehung im Relationship Marketing fest. Auf der einen Seite haben wir die Vergangenheit und auf der anderen haben wir auch die gegenwärtige und zukünftige Entwicklung zu beobachten und zu bewerten.

2.12 Telesales

Marketing: Form des persönlichen Verkaufs, bei der man sich durch telefonische Kontakte um Geschäftsabschlüsse bemüht. Zum Teil werden dafür bereits spezialisierte Dienstleister in Anspruch genommen, die in den besonders wichtigen psychologischen Aspekten des telefonischen Verkaufsgespräches entsprechende Erfahrung besitzen. Manchmal wird zwischen der telefonischen Übermittlung von Produktinformationen (Telefonwerbung) und dem reinen Telefonverkauf unterschieden und beides als Telefonmarketing bezeichnet.

Als aktive Telefonwerbung ist der Telefonverkauf beim Privatkunden nur dann zulässig, wenn er als Reaktion auf entsprechende Kundengesuche oder auf ausdrückliche Kundenanfrage hin erfolgt bzw. eine bereits bestehende laufende Geschäftsverbindung zur Grundlage hat. Bei Gewerbetreibenden kommt es darauf an, ob diese den Anruf gewünscht haben oder der Werbende nach den Umständen davon ausgehen konnte, dass der Umworbene mit einem Werbeanruf einverstanden ist.

Weitere Ausführungen zum Telesales haben wir in den nachfolgenden Kapiteln untergebracht. Hier sollte nur die Grundlage für diesen neuen Marketingbereich definiert werden.

2.13 Neurolinguistik

Definition und Anwendung

Die Neurolinguistik ist eine Teildiziplin der Linguistik, die sich mit der Repräsentation der menschlichen Sprachfähigkeit und der menschlichen Sprache im Gehirn (speziell der Grosshirnrinde) befasst. Untersuchungsgegenstände sind Aufnahme- und Sprachproduktionsprozesse sowie Speicherung von und Zugriff auf sprachliche Einheiten. In den Anfängen dieser Forschungsrichtung analysierte man vor allem sprachliche Ausfallerscheinungen bei hirngeschädigten Patienten (Patholinguistik, daher auch oft als Synonym für Neurolinguistik verwendet). Heute hat sich der Forschungsschwerpunkt auf Versuche verlagert, anhand von Daten aus Sprachverständnis- und Sprachproduktionsexperimenten am gesunden Menschen sowie an Spracherwerbsbeobachtungen (Spracherwerb) mit Hilfe von Computersimulationen die Prozesse der menschlichen Sprache nachzubilden, die der menschlichen Sprachfähigkeit zugrunde liegen.

Besonders wichtig ist dieses bei dem Telemarketing und Telesales, da hier nicht wie in einem herkömmlichen Verkaufsgespräch Gestiken und Haltung sowie Auftritt eine Rolle spielen sondern nur die „reine" verbale Verkaufsart. Es ist daher viel schwieriger, einen persönlichen Draht zu einem Kunden aufzubauen und Interesse und Sympathien zu gewinnen.

2.14 Total Quality Management

Qualitätssicherung im Wandel

Seit einigen Jahren hat sich die Aufgabe der Qualitätssicherung deutlich gewandelt. Unternehmen glauben, dass sich Qualitätsverbesserung durch Qualitätsmotivation, Bewusstseinsänderung und eine Ansammlung verschiedenartiger Techniken und Methoden bewältigen lassen.

Ein konkreter Ansatz ist die Konzentration auf das Produkt. Produktvergleiche, Produkt-Audits, Produktinnivationen sind nur Schlagworte. Unternehmen haben erkannt, dass der Wettbewerb sich nicht ausschliesslich durch Produktvergleiche darstellt, sondern dass Prozessgesichtspunkte oft den kostenmässigen Ansatz für Wettbewerbsfähigkeit geben.

Ein entwickelnder Wettbewerbsfaktor ist die Fähigkeit eines Unternehmens, qualitativ hochwertige Verfahrensprozesse zu entwickeln und zu betreiben. Gut strukturierte Qualitätssicherungssysteme in allen Operationen und allen Prozessen des Unternehmens bilden einen klaren Wettbewerbsvorteil.

Fast alle Unternehmen haben heute Ihren Kunden in den Mittelpunkt des unternehmerischen Handelns gestellt. Unterschieden wird hier nur in zwei Gruppen

- Die, die es sagen
- Die, die es tun

Total Quality Management besteht aus einer Vielzahl von einzelnen Bausteinen und zieht sich letztlich durch das gesamte Unternehmen durch.

Deming's Punkte

Betrachten wir nun Deming's 14 Punkte

1. Unverrückbares Unternehmensziel: schaffe ein feststehendes Unternehmensziel in Richtung ständige Verbesserung von Produkten und Dienstleistungen
2. Der neue Denkansatz: um wirtschaftliche Stabilität sicherzustellen, ist ein neuer Denkansatz nötig. Wir sind in einer neuen Wirtschaftsära
3. Keine Sortierprüfung mehr
4. Beende die Notwendigkeit und Abhängigkeit von Vollkontrollen, um Qualität zu erreichen

5. Verbessere ständig die Systeme, suche ständig nach Fehlerursachen, um alle Systeme für die Produktion und Dienstleistungen sowie alle anderen im Unternehmen vorkommenden Tätigkeiten auf Dauer zu verbessern.

6. Schaffe moderne Anlernmethoden, schaffe moderne Traininigsmethoden, die sich darauf konzentrieren, dem Menschen zu helfen, seine Arbeit besser zu beseitigen

7. Sorge für richtiges Führungsverhalten, schaffe moderne Führungsmethoden, die sich darauf konzentrieren, dem Menschen zu helfen, seine Arbeit zu verrichten

8. Beseitige die Atmosphäre der Angst, fördere die gegenseitige Kommunikation und andere Mittel, um die Angst innerhalb des gesamten Unternehmens zu beseitigen

9. Beseitige Barrieren, beseitige Grenzen zwischen den Bereichen

10. Vermeide Ermahnungen, beseitige Slogans, Aufrufe und Ermahnungen

11. Setze keine festgeschriebenen Ziele, beseitige Leistungsvorgaben, die zu erreichende Ziele willkürlich festschreiben

12. Gestatte es auf gute Arbeit stolz zu sein, beseitige alles, was das Recht jedes Werkers und jedes Managers in Frage stellt, auf ihre Arbeit stolz zu sein

13. Fördere die Ausbildung, schaffe ein durchgreifendes Ausbildungsprogramm und eine Atmosphäre der Selbstverbesserung für jeden einzelnen

14. Verpflichtung der Unternehmensleitung, mache die ständige Verbesserung von Qualität und Produktivität zur Aufgabe der Unternehmensleitung

2.15 Social Marketing

Definition

Unter social wird die Gesellschaft, die Gemeinschaft betreffend verstanden. Marketing hingegen richtet sich auf Absatzförderung und Beobachtung von marktwirtschaftlichen Entwicklungen. Bei Social Marketing geht es um eine neue Ausrichtung der Unternehmung. Die Ausrichtung hin zur Gesellschaft nach aussen und hin zu den Mitarbeitern nach innen.

Gesellschaftliche Ausrichtung der Unternehmung

Erreichung von einer bestimmten Qualität in der Begegnung mit anderen ist Zweck der Unternehmung. Für die Zukunft heisst das jedoch, dass Sozialverhalten eines Unternehmens an grosser Bedeutung gewinnen wird und das Unternehmen nach diesen Aspekten von der Gesellschaft bewertet werden. Unternehmen, die sich als reine Profitorganisation sehen und auch so verhalten, berauben sich ihrer eigenen moralischen Existenzgrundlage. Dazu steht im Gegensatz ein Unternehmen, das sich in der Gesellschaft vorbildlich verhält. Diese Unternehmen werden auch entsprechend wahrgenommen. Hier geht es ähnlich wie in Public Relations um das Aussenverhältnis und damit um das Image der Unternehmung. Dabei entfernt sich das Unternehmen und seine Mitarbeiter von der sogenannten Leistungsgesellschaft und deren Folgen.

Gebiete des Social Marketing

Folgende Punkte werden vom Social Marketing angesprochen:

- Unternehmensphilosophie
- Marktstrategie
- Qualitätsdenken
- Produkpolitik

Zu den einzelnen Bereichen nun einige Beispiele:

Unternehmensphilosophie
- Für ein Personenkollektiv wünschenswerte Lebensumwelt gestalten und erhalten
- Einzelentscheidungen müssen harmonisch ins Gesamtgeschehen eingefügt werden
- Unternehmensaktivitäten werden auf gesamtwirtschaftlichen Nutzen ausgerichtet
- Ständige Anpassung an Umweltveränderungen

- Qualität im umfassenden Sinne (Produkte, Mitarbeiter, Marktpartner, Arbeitsplätze, Marketing- und Vertriebsarbeit)
- Unternehmensarbeit ist geprägt von Geist, Kreativität und Selbstbewusstsein mit einem Blick auf bewährte Aktionen.

Marktstrategie
- Nr. 1 in der Branche sein
- Treue ist die Basis für Handelsmarketing
- Aktivitäten sollen unseren Bekanntheitsgrad steigern und die Position des Handels unterstützen (Synergieeffekte).
- Veränderungen im Markt als Herausforderung und Chance sehen und aktiv mitgestalten

Qualitätsdenken
- In allen Bereichen streben wir höchste Qualität an (technisch, Zusammenarbeit, Arbeitsbedingungen)
- Qualitätsziele sind Ansporn und keine notwendige zu erfüllende Pflicht, wir wollen über unseren eigenen Standards liegen
- Qualität nicht als Schlagwort verstehen sondern durch Information überzeugen
- Qualitätsniveau regelt auch das Preisniveau, wir stehen nicht nur hinter unserer Qualität, sondern auch hinter unseren Preisen

Social Marketing als Philosophie

Produktpolitik
- Verzicht auf Kundensegmente mit geringen Ansprüchen
- Produkte sollen langfristigen Nutzen bieten
- Unsere Produktargumentation ist fundiert, wissenschaftlich abgesichert und nachprüfbar

Social Marketing ist eine Philosophie und wird von vielen Unternehmen unterschiedlich umgesetzt. Sinn der Umsetzung ist es jedoch, nicht eine Stiftung ins Leben zu rufen, sondern vielmehr für die Gesellschaft allgemein etwas zu bewerkstelligen. Umstellung von Produktionsverfahren zu umweltfreundlicheren Verfahren. Vermeidung von Tropenhölzern in der Produktion. Gesunde Ernährung in der Betriebskantine, ergonomische Arbeitsplätze, Betriebskrankenkassen, Jugendunterstützung wie Jugendforschung, Jungendsymposien,

Verkehrserziehung und so weiter.
Auch das Umsetzen von gesundheitsfördernden Massnahmen für die Mitarbeiter in Unternehmen gehört zum Social Marketing. Gewinnbeteiligungen von Mitarbeitern und auch Gesundheitsförderungen von Mitarbeitern fallen unter das Social Marketing.

Wenn wir die Unternehmensphilosophie betrachten, erkennen wir eigentlich in jedem Unternehmen Ansatzpunkte für ein Social Marketing Programm. Letztlich betrachtet geht es um den Einklang der Unternehmung mit den Marktpartnern, der Gesellschaft, den Mitarbeitern und der Umwelt. Alles was diese Beziehung verbessern kann ist Social Marketing. Daran anknüpfen kann Public Relation mit dem Wahlspruch „Tue Gutes und rede nicht davon, lasse andere Ihre Erfahrung weitergeben."

Database-Marketing

Wandlung der Märkte

Seit einiger Zeit werden Unternehmen einer wachsenden Dynamik und Komplexität ausgesetzt, die in der Individualisierung der Gesellschaft, der schwindenden Markentreue, einem neuen Verständnis der Kunden und der Fragmentierung der Märkte begründet liegt. Zudem kommt der Wandel der Information und der Medien hinzu. Das Marketing als solches sieht sich den neuen Aufgaben gegenüber, wie schon im Relationship Marketing beschrieben.

Die Gesellschaft lässt sich nicht mehr in feste Lebensmuster einteilen. Die Profile des Anspruches und der Bedürfnisse unterscheiden sich sichtlich von denen, die vor einigen Jahren noch da waren. Dies führt zu einem immer differenzierten Produktsortiment und Informationsbedarf der Menschen. Ein besonderes Zeichen dafür ist die grosse Nachfrage nach preisaggresiven Produkten des täglichen Lebens und der eventorientierten Luxuskonsumgüternachfrage. Auch die Nachfrage nach individuellen Produkten ist stark angestiegen.

3.1 Segmentierung der Märkte

Klassische Segmentierung

Zur bisherigen Segmentierung der Märkte wurden Personenmerkmale wie

- Kulturell
- Soziodemographisch
- Lebensstilorientierung

herangezogen. Der Markt, wie er in den 70er Jahren noch als Massenmarkt verschrien war, wurde von dem Individualmarkt abgelöst.

Der erhöhte Wettbewerb und das damit verbundene Warenüberangebot sind dem Konsumenten durchaus bewusst. Der Kunde ist landläufig genannt „mündig" geworden. Themen wie Beschwerdemanagement und Mund-zu-Mund-Werbung wie „schlechter Service" gehören heute zur Gesellschaft wie der Kaffee zum Kuchen.

Line Extensions

Nicht zuletzt hat auch die Industrie auf dieses neue Verhalten reagiert und bietet ihren Kunden Produktvariationen und Erweiterungen an. Der dafür gebräuchliche Name ist das sogenannte „Line Extensions". Betrachten wir nun die einzelnen Produkte und deren Möglichkeiten, so sehen wir ganz klar, wie ein Hersteller von Süsswaren zum Beispiel eine Sorte für die Allgemeinheit anbietet (zum Beispiel „Duplo") und wie der gleiche Hersteller für den gehobenen Anspruch „Roche" anbietet. Gleichzeitig gibt es die Produkte in verschiedenen Verpackungen wie zum Beispiel eine Packung in Herzform für den Valentinstag oder zu Muttertag, oder gar eine mit Weihnachtsschmuck verzierte Verpackung für die Festtage.

Angebotsvielfalt

Der Fortschritt in der Fertigung ermöglicht eine Angebotsvielfalt und kann per Computer eine beliebige Menge von einzelnen Fertigungsteilen kombinieren. Daher kann heute die Industrie auch Produkte in kleiner Absatzmenge kostendeckend produzieren. Aufgrund der gleichen technischen Möglichkeiten können aber auch Produkte schnell von dem Wettbewerb übernommen werden. Somit bringen auch Augmentierungen an Produkten nur einen kurzen Wettbewerbsvorteil. Der Produktlebenszyklus hat sich um mehr als die Hälfte verkürzt. Nur wenige Unternehmen können heute noch die gleichen Produkte wie vor rund 30 Jahren absetzten. Ein Beispiel dafür ist der Geländewagen der Firma Rover „Defender". Das Modell wurde zwar technisch überarbeitet, jedoch am Modell als solche wurden in den letzten 50 Jahren kaum Änderungen vorgenommen.

Verkaufsargumente wie

- Service
- Marke
- Lebensgefühl

werden von dem Argument „einzigartig" abgelöst (Unique Selling Proposition). Dadurch sinkt aber auch die im Relationship Marketing erwähnte Kundenloyalität. Es wird immer schwieriger ein Beziehungsnetzwerk aufzubauen, zu erhalten oder gar auszubauen.

Kein Qualitätsunterschied zwischen verschiedenen Marken

Eine Studie hat gezeigt, dass der Konsument der Meinung ist, dass es zwischen den Marken keinen qualitativen Unterschied gibt. Daher ist im allgemeinen Konsumermarkt ein ständiger Wechsel der Marken und damit des Kaufverhaltens angezeigt. Durch Konzentration im Handel wird ein Preiskampf ausgelöst. Aufgrund der Unzulässigkeit von Preisbindungen für Markenartikel kann der Hersteller dieser Preisunterbietung keinen Einhalt gebieten. Pro Monat werden rund 12 Tage Werbung im TV gesendet. Diese verteilen sich auf rund 100.000 Spots. Aufgrund der Privatisierung und Liberalisierung der Medienlandschaft in Europa hat sich hier eine ganz neue Situation angebahnt. Durch Spartenkanäle und immer mehr Zeitungen wird es immer schwieriger ein Kundenklientel anzusprechen. Weitere Forcierungen liegen im Bereich der neuen Medien wie zum Beispiel das Internet (Bannerwerbung in Suchmanschinen) oder Zeitungsbeilagen wie CD-ROM's.

Daraus resultiert nun auch, dass der Vertrieb sich dieser Fragmentierung anpassen muss. Immer mehr Produkte werden über Telefonvertrieb angeboten, da die Produkte sich schnell ändern und nur so ein guter Vertriebszyklus zustande kommen kann. Gehen wir einige Jahre zurück, so konnte man einfache Produkte über mehrere Jahre hinweg beziehen und man konnte einen Händler sogar nach der Funktionsweise fragen. Betrachten wir das Unternehmen Xerox. Das Unternehmen hat für die CeBIT 1999 rund 140 neue Produkte im Bereich Kopieren, Drucken und Faxen im Markt platziert. Rückblickend auf einige Jahre vorher hatte dieses Unternehmen nur rund 100 Produkte in diesen Bereichen. Dadurch wir der Direktvertrieb zu einer kostengünstigen Variante. Der Konsumer hingegen verbringt seine Freizeit nicht gerne in Läden und greift somit gerne auf den schnellen Weg eines Anrufes zurück und bestellt sich seine Ware. Der Grund liegt auch hier im gesellschaftlichen Wandel, hin zu einer Informationsgesellschaft und Freizeitgesellschaft. Arbeitszeitverkürzungen und immer mehr Freizeitangebote lassen den Konsumenten den Ladenverkauf meiden. Ausserdem lassen sich Direktvertriebskonzept durch moderne Techniken wie Call-Center-Software, PC-Telefone, Kreditkartenbuchungen im Internet besser umsetzten.

3.2 Veränderungen als Marktchance

Risiken und Chancen mit
neuen Vertriebsabläufen

Das sich so schnell ändernde Umfeld birgt nicht nur Risiken für die bisherigen Vertriebsabläufe, sondern birgt auch eine Vielzahl an neuen Chancen für einen innovativen und zukunftsorientierten Absatz.

Trotz der Probleme in der Kundenbindung wird diese in den Vordergrund treten und durch individualisierte Werbung (wie zum Beispiel im Internet das Konfigurieren eines Pkw's mit allen Ausstattungen und Farben als Werbebilder zur Verfügung stellen) ein neues Maß an Relationship Marketing hervorrufen.

Sortimentsabstimmung

Abgestimmte Sortimente und Einzelfertigung den Kundenwünschen entsprechend wird der neue und fast einzige Wettbewerbsvorteil der Zukunft sein. Grundlegend dafür ist auch die starke Zunahme von Dienstleistungsgesellschaften und die damit serviceorientierter, Aktivität in den Vordergrund stellt. Produktspezifische Eigenschaften treten dabei dann in den Hintergrund und stellen im eigentlichen Sinne keinen Wettbewerbsvorteil mehr da.

Die Informationsbeschaffung wird für das Marketing und den Vertrieb von grösster Bedeutung. Der Markt verlangt immer mehr, dass sich Unternehmen auf neue Impulse einstellen und diese in Produkten und Vertriebswegen aufnehmen. Proaktives Handeln wird zum entscheidenden Wettbewerbsfaktor werden.

Daraus resultiert, dass Marketing und Vertrieb nach neuen Strukturen und Verfahren suchen müssen um diesem Anspruch gerecht zu werden. Database-Marketing unterstützt dieses.

Individuelle Information
als Basis

Database-Marketing wird als ein Marketing verstanden, das in der Basis eine individuelle Kundeninformation in der Kundendatenbank speichert. Dabei steht nicht der Markt oder ein Marktsegment im Vordergrund, sondern der Kunde als Individuum. Auf diesen richtet sich das Database-Marketing.

Database-Marketing-Systeme sind dynamisch, und durch die Veränderungen stellen Marketing und Vertrieb immer neue Anforderungen an solche Systeme.

| Prozessgliederung | Prozesse des Database-Marketings lassen sich wie folgt gliedern: |

Prozesse des Database-Marketings lassen sich wie folgt glie-
dern:

-   Informationsbeschaffung / Erfassung
-   Marketinganalyse
-   Steuerung

3.3 Informationsbeschaffung

Informationsbeschaffung

Die Informationsbeschaffung und Erfassung sorgt für individuelle Kunden und Interessenten Informationen und stellt diese DV-technisch zur Verfügung. Die Marketinganalyse hingegen verwendet diese Daten und analysiert diese und wandelt diese letztlich in Wissen um. Steuerung als letzte Instanz in diesem Prozessgebilde validiert zu einer Feedbackschleife und fordert zum Beispiel mehr Informationen an. Dadurch wird das Aufbauen einer Know-How-Datenbank gefördert.

Mögliche Quellen für die Informationsbeschaffung:

- Interne Quellen wie Buchhaltung, Vertrieb, Service und so weiter.
- Vom Kunden direkt
- Kundenclubs
  Fragebogen
- Gewinnspiele
- Garantiescheine / Lizenzscheine
- Reklamations-/Beschwerde-Schriftverkehr
- Adressverlage wie zum Beispiel Kreditreform, Schober

Aktualität als wichtigste Basis für erfolgreiches Database-Marketing

Zwingend notwendig für eine gute Analyse ist eine qualitativ hochwertige Datenbank. Diese Datenbank muss auf einem aktuellen Stand gehalten werden und bedarf daher der Pflege und Kontaktierung von Adressen sowie der Kontrolle auf Dubletten und erloschene Einträge.

Durch die Analyse können Marktverhältnisse und Veränderungen aufgezeigt und das Verhalten von Kunden vorhergesagt werden. Diese Erkenntnisse sind jedoch nur so aktuell wie die Daten in Ihrer Datenbank. Wir gehen davon aus, das Adressen, die älter als zwei Jahre sind und nicht gepflegt wurden, nur noch zu 50 % richtig sind. Die anderen Adressen sind entweder erloschen, umgezogen oder Detaildaten wie die Telefonnummer haben sich verändert.

Die Steuerung der Aktionen kann als primäre Aufgabe des Database-Marketing angesehen werden. Die Aufgabe dabei liegt darin, die Daten der vorher mittels Analyse und Selektionskriterien ermittelten Kunden oder Interessenten für eine

Mailing- oder Telefonaktion bereitzustellen. Hier liegt nun die Wahrscheinlichkeit eines Verkaufes um einiges höher als eine Kaltaktion (unbekannte Adressen).

Steuerung und Entscheidung

Der Erfolg einer solchen Aktion kann mit den Rückläufern gemessen werden. Gleichzeitig kann diese Anruf-/Mailing-Aktion dazu dienen, die Adressen abzuprüfen und gegebenenfalls zu korrigieren.

Database-Marketing dient jedoch nicht nur der Steuerung, sondern auch der Entscheidung, so dass nicht nur die Informationen bereitgestellt werden, sondern auch die Aktionen ausgeführt und die Rückläufer ausgewertet werden. Durch eine genaue Erfassung der Marktreaktion auf eine Aktion des Database-Marketing kann auch eine Marktveränderung festgestellt werden. Somit kann auch ein Database-Marketing-System als Frühwarnsystem für Marktveränderungen eingesetzt werden.

Kundensegmentaktionen

Grundlage für gezielte Werbeaktionen sind die erfassten kundenspezifischen Daten. Eine Streuung wie im Bereich der TV-Werbung wird hier weitestgehend determiniert.

Database-Marketing unterstützt jedoch nicht nur die oben beschriebenen Aktionen auf kundenspezifische Daten, sondern auch Aktionen an Kundengruppen. Hier können durch eine Selektion und eine Reaktion der Kunden dann die Risiken und Chancen für ein Produkt in einem Kundensegment ermittelt werden.

Event triggered communication

Auch können Kunden nach der „event triggered communication" und damit auch die Kommunikation der Aktion gesteuert werden. Das bedeutet, dass bei den Kunden individuell eine Kommunikationsregel hinterlegt wird, womit der einzelne Kunden in einer Aktion speziell nach seinen Wünschen angesprochen werden kann. Mögliche Kommunikationsregeln sind unter andrem:

- Wurfsendung
- Brief
- Fax
- Email
- Telefon

Kommunikationsregeln

Dabei ist auch darauf zu achten, dass diese Regeln ständig überarbeitet werden. Viele Kunden stellen von Telefax auf Email um. Dieses muss in einer Datenbank letztendlich zur Geltung kommen da wir im Database-Marketing individuell auf den einzelnen Kunden eingehen. Diese datenbankgestützte, ereignisorientierte Kommunikation ermöglicht eine automatisierte Kommunikation mit vielen Kunden. Trotz der Allgemeingültigkeit der Regeln fühlt sich der Kunde individuell behandelt.

Database-Marketing Systeme können auch aus einer Vielzahl von Aktionen mit gegebenenfalls konkurrierenden Zielen eine schlüssige Gesamtaktion erstellen. Alle möglichen Aktionen um einen Kunden zu umsorgen lassen sich beliebig kombinieren:

- Mailing
- Telemarketing
- Aussendienst

Dadurch fühlt der Kunde sich umsorgt und dieses führt letztlich zu einer Loyalität dem Unternehmen gegenüber. Damit wird nun wieder der Kreis mit dem Relationship Marketing und den Beziehungsnetzen geschlossen.

Dialog-Marketing

Database-Marketing kann als ein Baustein aus der Gruppe Dialog-Marketing verstanden werden. Auch werden im Database-Marketing einige Teile der Produktpolitik unterstützt. Die kundenspezifischen Produktwünsche lassen sich heranziehen für Produktanpassungen oder Einzelfertigungen. Die Datenbank kann auch Aufschluss über zukünftige Produktbedürfnisse geben und kann dadurch hilfreich bei der Produkentwicklung eingesetzt werden.

Gleichzeitig kann diese Datenbank auch für neue Produkte einen Testmarkt ermitteln. Diese an den Zielsegmenten ausgelegte Validierung kann wichtige Erkenntnisse im Vorfeld liefern. In vielen Fällen kann dadurch sogar ein Produkflop vermieden werden.

Das System kann auch durch die erfassten Verbesserungsvorschläge von Kunden die Weiterentwicklung und Verbesserung von Produkten im Wesentlichen beeinflussen.
Die erfassten Daten über Kaufverhalten können als Input für

die Produktentwicklung von neuen Produkten genutzt werden (Cross-Selling-Verfahren). Zugleich können auch Daten für geschätzte Verkaufszahlen aus diesem System ermittelt werden und somit die Produktion gezielt steuern, um eine Überproduktion beziehungsweise einen Engpass zu vermeiden.

Bindeglied zwischen Marketing und Vertrieb

Letztendlich stellt dieses System ein Bindeglied zwischen dem in der Regel zentralorganisierten Marketing und dem dezentralen Vertrieb dar. Die Datenbank kann den visuellen Kontakt zu einem Kunden und der daraus erfolgenden Information ersetzen.

Auch der Einsatz der firmeneigenen Ressourcen kann durch das System besser verteilt werden. Somit können potentialstarke Kunden vom Aussendienst betreut werden, mittelstarke Kunden vom Telemarketing und der Rest durch Mailing-Aktionen. Hierdurch werden die Ressourcen auf die Kunden entsprechend ihrem Potential verteilt.

3.4 Scoringmodelle und Live-Time-Value

Scoringmodelle

Durch Kundenscoringmodelle lassen sich Kunden nach Kaufwahrscheinlichkeiten bewerten. Diese Allokation von Marketingaktionen hat den Vorteil, dass die Direktwerbeaktionen bei den Kunden ankommen, bei denen eine hohe Kaufwahrscheinlichkeit vorliegt. Dabei ist hervorzuheben, dass Streuverluste und damit verbundene Kosten vermieden und die Effizienz einer Aktion gesteigert werden.

Gleichzeitig kann eine Auswertung erstellt werden, mit der eine Abwanderung eines Kunden frühzeitig festgestellt werden kann. Somit werden die bisherigen Kaufverhaltensweise mit den aktuellen Verhaltensweisen verglichen. Je mehr diese Kurven auseinanderlaufen, desto gefährdeter ist ein Kunde. Hier kann das Marketing nun mit gezielten Aktionen den Kunden binden und somit eine Abwanderung vermeiden beziehungsweise eine Abwanderung hinausschieben.

Als eine wsentliche Möglichkeit des Database-Marketings wird die Möglichkeit der Bewertung nach der Bedeutung des Kunden für das Unternehmen verstanden. Die Bewertung kann mit dem Lifetime-Value erfolgen. Diese Kennzahl gibt den Vermögenswert des Kunden für das Unternehmen an.

Life Time Value

(Link/Hilderbrand; Database-Marketing und Computer Aided Selling; Vahlen; 1993; S. 55) Mit dem LTV lassen sich langfristige Strategien anvisieren. Die Wirkung und Aussichten von Kundenbindung und Relationship Marketing, die nicht den Verkauf, sondern den Aufbau langfristiger dialogorientierter Kundenbeziehungen zum Ziel haben, lassen sich ermitteln. Auch bei der Bewertung von Marketingaktionen wird der LTV herangezogen, indem untersucht wird, inwieweit eine Aktion den Vermögenswert des Kunden beeinflusst. Produkte, die zwar einen negativen oder niedrigen Deckungsbeitrag liefern, aber für die Gewinnung und Bindung von Kunden mit hohen LTV unabdingbar sind, lassen sich identifizieren und rechtfertigen.

Fasst man alle LTV der Kunden zusammen, kann der zu erwartende Ertrag eines Unternehmens auf Basis jedes einzelnen Kunden prognostiziert werden.

Erosionen im Kundenstamm oder ähnliche Effekte lassen sich dadurch frühzeitig erkennen, so dass das LTV-Modell hervorragende Informationen für ein Frühwarnsystem liefern kann.

3.5 Data Mining

Data Mining

Data Mining ist ein Begriff für Technologien, mit denen Unternehmen relevante Daten aus einer Datenbank extrahieren können. Die Zusammensetzung der Technologien besteht aus zwei Komponenten:

- Statistische Modelle
- Verfahren der künstlichen Intelligenz

Diese Methoden erlauben Analysen und Prognosen über Marktverhalten und Markttrends. Mit diesen Methoden werden Daten ermittelt, die bisher als nicht ermittelbar galten oder aber als völlig unrelevant eingestuft wurden. Durch den technologischen Fortschritt wurden Database-Marketing-Systeme in den letzten Jahren bei Unternehmen eingeführt. Die beschriebenen Analysemöglichkeiten im Kapitel Database-Marketing sind nur der Anfang von den Möglichkeiten der Auswertung von komplexen Datenbanken.

Neue Fragestellungen

In den Database-Marketing-Systemen liegen oft nicht nur die Adressen vor, sondern auch Informationen über Kaufverhalten. Viele Fragen können mit dem Database-Marketing ermittelt werden, die hier nachfolgend aufgelisteten jedoch nicht:

- Wie kann man Interessenten mit grossem Potential gewinnen?
- Wann sollte ein Angebot für einen Kunden erstellt werden?
- Bei welchen Kundensegmenten lohnt sich ein Aussendienstmitarbeiter?
- Welcher Umsatz wird mit den Kunden nächstes Jahr erzielt?

Wenn wir die Fragen genau betrachten, dann stellen wir fest, dass diese Daten nicht in der reinen Form erfasst wurden. Somit ist eine normalübliche Auswertung nicht brauchbar. Vielmehr muss hier die Kombination von mehreren Kundenangaben mit einzelner Gewichtung ausgewertet werden.

Solche Analysen fallen normalerweise in den Bereich der Statistiker. Diese haben sich bemüht, diese Fragen mit herkömmlichen Statistikmethoden zu beantworten. Aber schone der Versuch scheiterte kläglich.

Data Minig ergänzt die statistischen Verfahren um neue Methoden, die einen Grossteil der Prozesse automatisieren und beschleunigen. Das bedeutet, dass diese Programme die Datenbank durchsuchen und relevante Informationen selber identifizieren und analysieren.

Folgende Methoden sind zur Zeit die gängigen Technologien:

- Lineare Regression – Prognoseverfahren zur Erklärung von Verhaltensweisen im Markt mit unabhängigen Variablen
- Kohonen Netze – Diese Methode bildet selbständig Cluster im Datenbereich und arbeitet nach einem Segmentierungsverfahren auf dem Prinzip neuronaler Netze
- Neuronale Netze – nicht lineare Prognoseverfahren, die der Biologie nachempfunden wurden und selbständige lernende Eigenschaften besitzen
- Genetische Algorithmen – Basis dazu bildet die Grundlage der biologischen Evolution. Suche nach einer optimalen Lösung im Lösungsraum.
- CHAID – Chi-squared Automatic Interaction Detection – Datensätze werden nach einer abhängigen Variablen segmentiert.
- Wenn-Dann-Regeln – Extraktion und Verifikation von Regeln

Der Einsatz der einzelnen Methoden hängt im Wesentlichen von der Art der Abfrage ab. Werden Prognosen verlangt, kommen neuronale Netze, lineare Regression sowie CHAID zum Einsatz. Eine klare Abgrenzung für Gebiete und Methoden liegt jedoch nicht vor. Vielmehr werden in der Praxis mehrere Methoden verwendet, um diese gegeneinander zu prüfen. Kombinationen sind ebenfalls denkbar.

3.6 Beispiel eines Direktversenders

Neuronale Netze dienen als Planungs- und Steuerungsinstrument bei Direktversendern.

Im Rahmen des Database-Marketings wird das vorliegende Wissen für die Werbeträgerplanung nutzbar gemacht. Hierbei werden neuronale Netze als selbstlernende Prognosesysteme eingesetzt, um aus der Gesamtzahl der vorhandenen Kundendaten und –beobachtungen Schlüsse für eine optimale Auflage zu ziehen. Somit können die bisherigen Planungs- und Steuerungsprozesse der Werbeträgerplanung durch den Einsatz neuronaler Netze effizienter gestaltet werden.

Im Direktversand bestimmt die Auflagenhöhe der Werbeträger zum einen den Umsatz und zum anderen die Werbekosten einer Direkt-Marketing-Aktion. Im Planungsprozess kann sie so mit als eine der wesentlichen Entscheidungen gesehen werden.

Im Rahmen der Marketing-Planung müssen Entscheidungen getroffen werden, die einerseits die Festlegung des Werbebudget sowie anderseits dessen Verteilung auf unterschiedliche Werbeträger und Kundengruppen betreffen. Oberstes Ziel dieser Planungsaktivität ist es, das Werbebudget derart festzusetzten, sowohl in der Höhe als auch in dessen Allokation, dass es langfristig zu einem grösstmöglichen Return of Investment kommt.

Es obliegt der Entscheidungsfreiheit eines Marketing-Planers, an wen oder welchen Prozentsatz der Kunden ein bestimmter Katalog zugesandt wird. Dieser Prozentsatz wird als Ausstattungsdichte bezeichnet. Die Ausstattungsdichte bildet somit den Verbindungsfaktor zwischen dem Planungsobjekt, den Katalogen und den Kunden als Planungssubjekt.

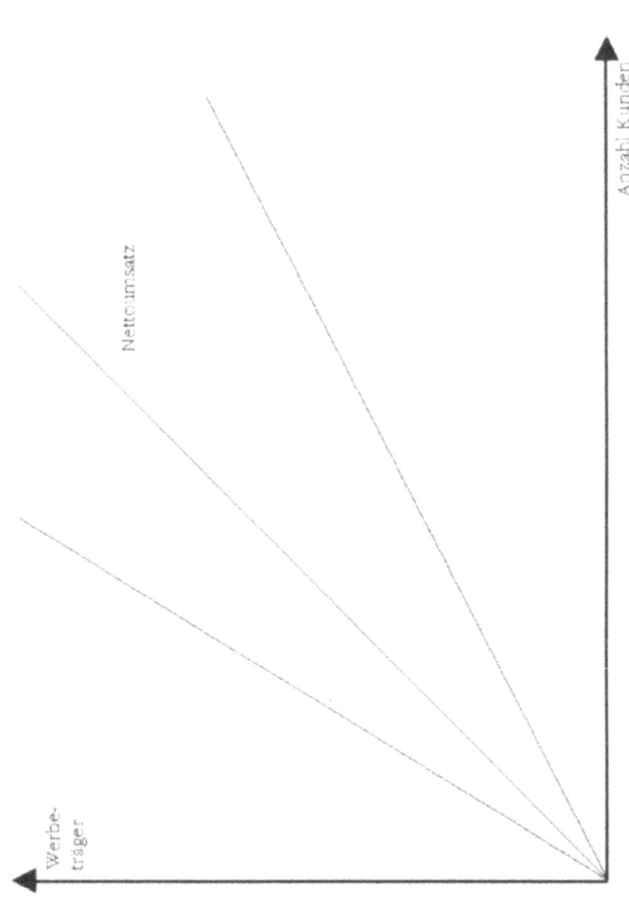

Abb. 3.6.1 Beispiel eines Direktversenders

Als Basis wird die Anzahl der Kunden in der Kundendatenbank bezeichnet. Somit ergibt sich die Ausstattungsdichte als Relation zwischen der Auflagenstärke des Werbeträgers und der Basis. Die Höhe des Werbemitteleinsatzes hängt direkt von der Ausstattungsdichte ab. Die Werbekosten stellen sich als Produkt von Basis, Ausstattungsdichte und Katalogstückkosten dar. Als Käufer bezeichnet man die Kunden, die aus dem betreffenden Katalog wenigstens einen Artikel kaufen. Der Bruttobestellwert wird kumulativ über die Bestellungen aller Kunden ermittelt. Als Nettoumsatz bezeichnet man den realisierten Umsatz eines Werbemitteleinsatzes. Die Differenz zwischen Nettoumsatz und Bruttobestellwert kommt zum Beispiel durch eingeräumte Retourrechte des Kunden oder Lieferengpässen bei einigen bestellten Artikeln zustande.

Als Käuferquote bezeichnet man den prozentualen Anteil der Kunden, die aus dem betreffenden Katalog einen Artikel gekauft haben.

Eine der wichtigsten Kennzahlen im Direktversand, der prozentuale Anteil der Werbekosten am Nettoumsatz, wird in der Kosten-Umsatz-Relation (KUR) ausgedrückt.

Eine KUR von beispielsweise 13 % zeigt auf, dass mit 13,- DM Investition im Bereich Werbekosten ein Nettoumsatz von 100,- DM erzielt worden ist. In Abhängigkeit von Nettoumsatz und Werbekosten ergeben sich noch weitere Grössen, die mit der KUR in Verbindung gesetzt werden können. Zum einen ist der Deckungsbeitrag I zu nennen, der sich als Differenz zwischen Nettoumsatz und Wareneinstandskosten, anteiligen Logistikkosten sowie den Überhangsverlusten darstellen lässt, und zum zweiten ist der Deckungsbeitrag II zu nennen, der die Differenz zwischen dem Deckungsbeitrag I und Werbekosten bildet. Um die in Prozent ausgedrückte Kosten-Umsatz-Relation mit dem Deckungsbeitrag II in Verbindung setzen zu können, wird der Deckungsbeitrag I ebenfalls in Prozentwerten vom Nettoumsatz angegeben.

Es gilt :

Deckungsbeitrag I in % = Deckungsbeitrag I *100 / Nettoumsatz

Der Deckungsbeitrag II kann anschliessend in Abhängigkeit von der Kosten-Umsatz-Relation und dem Nettoumsatz, wie folgt, berechnet werden:

Deckungsbeitrag II in % = (Deckungsbeitrag I – KUR) * Nettoumsatz

Die GrenzKUR beschreibt die Schwelle der Wirtschaftlichkeit in Abhängigkeit von der Kosten-Umsatz-Relation.

Ist die Kosten-Umsatz-Relation, die mit einem Katalog erzielt wurde, kleiner als der prozentuale Deckungsbeitrag I, so trägt dieser zu einer positiven Ertragsentwicklung des Direktversenders bei. Übersteigt die KUR jedoch die GrenzKUR, so ist der Werbeeinsatz bei einem kurzfristigen Ertragsziel als unrentabel anzusehen.

Die Zusammenhänge zwischen Ausstattungsdichte und den direktversandspezifischen Kennzahlen werden an folgenden Beispielen kurz aufgezeigt.

Die Kunden in den Beispielen unterscheiden sich in ihrer unterstellten Bestellwahrscheinlichkeit. Um eine möglichst hohe Aktivquote zu erreichen, werden im ersten Beispiel nur die besten Kunden mit einem Werbeträger versehen, also eine niedrige Ausstattungsdichte gewählt. In diesem Fall kann mit einem hohen Anteil an Käufern in Relation zu den versandten Werbeträgern und somit einer hohen Aktivquote gerechnet werden.

Im Gegensatz dazu führt eine hohe Ausstattungsdichte zu der Hinzunahme von qualitativ schlechteren Kunden. Die Anzahl der Käufer wird sich erhöhen, da nun mehr Kunden einen Werbeträger erhalten haben, jedoch kann mit einer niedrigeren Aktivquote gerechnet werden, da sich die durchschnittliche Qualität der ausgestatteten Kunden verschlechtert hat. Eine erhöhte Ausstattungsdichte führt demnach zu einer grösseren Anzahl von Käufern und damit verbunden zu einem höheren Nettoumsatz. Aufgrund der niedrigeren Käuferquote führt die erhöhte Ausstattungsdichte jedoch gleichzeitig auch zu einer schlechteren Kosten-Umsatz-Relation.

Diese Tatsache ist vom Marketing-Manager bei der Werbeträgerplanung zu beachten, allerdings ist ihm der direkte Zusammenhang zwischen Ausstattungsdichte und KUR bzw. Deckungsbeitrag zumeist unbekannt, so dass er meist versucht die KUR mittels Erfahrungswerten abzuschätzen. Der Nachteil dieser Methode ist offensichtlich. Es bedarf einer gewissen Zeit, bis sich diese Erfahrungen angesammelt haben. Dies kann zumindest in der Anfangsphase zu hohen Verlusten führen, welche nachfolgende Projekte gefährden können.

Demzufolge ist die genaue Prognose der Auswirkungen unternehmerischen Handelns von entscheidender Bedeutung für den Erfolg und damit für die Qualität der Werbeträgerplanung.

An diesem Punkt können neuronale Netze eingesetzt werden, um die Prognosequalität zu optimieren. Bei der Simulation ökonomischer Auswirkungen unterschiedlicher Ausstattungsdichten ist der Marketing-Manager nicht mehr nur an seine saisonalen Erfahrungen gebunden, sondern kann auf die individuellen Kaufentscheidungen der Kunden in den Vorsaisons zurückgreifen. Jeder einzelne Kunde wird dazu bezüglich seiner Kaufwahrscheinlichkeit beurteilt, dadurch ist auch eine Beurteilung des gesamten Kundenstamms möglich und somit wird eine präzise Simulation der Ergebnisse unterschiedlicher Ausstattungsdichten ermöglicht.

Eine wesentliche Vorausetzung für die erfolgreiche Abschätzung eines unbekannten Zusammenhanges mit Hilfe neuronaler Netze ist die Bereitstellung relevanter Daten.

In diesem Fall soll die Kaufwahrscheinlichkeit eines Kunden anhand seines Kaufverhaltens in den Vorsaisons vorherbestimmt werden. Die zur Prognose benötigten unabhängigen Variablen lassen sich wie folgt unterteilen:

Stammdaten: Unter Stammdaten werden solche Informationen verstanden, welche unabhängig vom Kaufverhalten des Kunden konstant bleiben. Es handelt sich hierbei beispielsweise um das Alter, das Geschlecht oder die Wohnregion.
Aktivitätenraster: Es handelt sich dabei um eine Aggregation

der Aktivität eines Kunden in den letzten vier Saisons. Ein Kunde war in einer Saison aktiv, falls er mindestens einen Artikel gekauft hat. Bei vier Saisons ergeben sich folglich 16 verschiedene Ausprägungen. Die Hinzunahme des Aktivitätenrasters drückt die Vermutung aus, dass der Kauf aus einem Katalog zum Teil vom Bestellrhythmus der letzten vier Saisons beeinflusst wird.

Kumulierte saisonspezifische Informationen: Dazu zählen der Bruttobestellwert, der Nettoumsatz, die Anzahl der Bestellungen und die Nichtlieferungsquote. Der Bruttobestellwert eines Kunden kann als die kumulierte Nachfrage innerhalb einer Saison verstanden werden. Der Nettoumsatz spiegelt den aus der Nachfrage realisierten Umsatz wider. Die Anzahl der Bestellungen drückt die Häufigkeit der Nachfrageaktivitäten innerhalb einer Saison aus. Unter der Retourenquote wird der Anteil des Bruttobestellwertes verstanden, den ein Kunde retourniert hat. Eines der grössten Probleme des Direktversandes ergibt sich aus der Tatsache, dass einige der nachgefragten Artikel nicht mehr lieferbar sind. Während der stationäre Handel nur die Ware anbietet, die auch direkt bezogen werden kann, liegt beim Direktversand eine zeitliche Differenz zwischen dem Angebot und der Nachfrage eines Kunden vor. Dies kann bei häufigem Auftreten zu einer Verärgerung des Kunden führen. Um diesen Sachverhalt bei der Prognose zu beachten, wird der prozentuale Anteil von nichtlieferbaren Waren an dem Bruttobestellwert des Kunden mit in das neuronale Netz integriert.

Sortimentspezifische Informationen: Hier werden dem neuronalen Netz Informationen über die Sortimentsstruktur der Nachfrage bereitgestellt. Die Informationen über die Sortimentspräferenz bezogen auf die Nachfrage erfolgen differenziert nach den Sortimenten. Für die einzelnen Teil-Sortimente werden dem neuronalen Netz jeweils der durchschnittliche Artikelwert und die Anzahl der Bestellungen zur Verfügung gestellt.

Es wird also ein Zusammenhang zwischen den kumulierten saisonspezifischen Informationen, der sortimentspezifischen Information und dem Kaufverhalten unterstellt. Es werden jedoch keinerlei Aussagen über die Bedeutung der einzelnen Variablen oder deren Interaktion getroffen. Aufgabe des Trainings der neuronalen Netze ist es, die Gewichte derart zu bestimmen, dass das Netz den unbekannten Ursachen-Wirkungs-Zusammenhang abbildet und somit eine möglichst gute Prognose des Kaufverhaltens möglich wird.

Neuronale Netze dienen der Approximation eines unbekannten Ursachen-Wirkungs-Zusammenhangs. Zu diesem Zweck wird eine Datenmenge, die den unbekannten Ursachen-Wirkungs-Zusammenhang beschreibt, in eine Trainingsmenge und eine Testmenge unterteilt. Nachdem ein neuronales Netz trainiert wurde, wird seine Übertragungsleistung anhand der Testmenge evaluiert.

Die Fähigkeit, das aus einer Trainingsmenge erlernte Wissen auf die Allgemeinheit - in diesem Falle die Testmenge - zu übertragen, wird als Generalisierung bezeichnet.

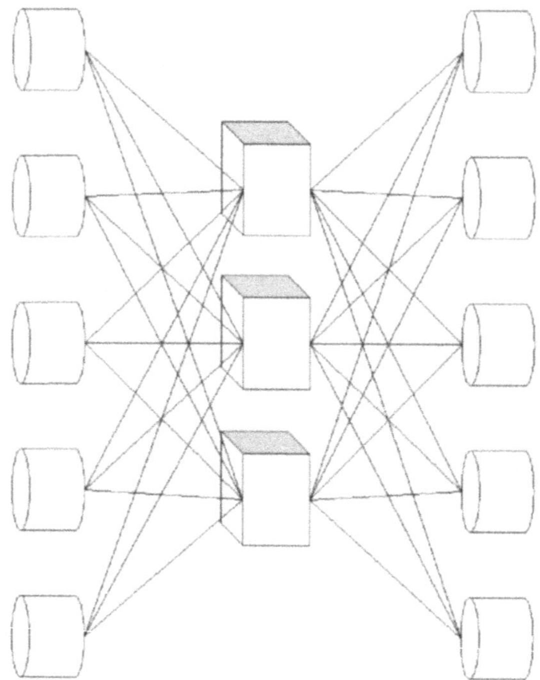

Abb. 3.6.2 Neuronale Netze

Nachdem im ersten Schritt ein neuronales Netz mit einer gewissen Spezifikation trainiert wurde, wird es im zweiten Schritt mit Hilfe der Testdatei auf seine Generalisierungsfähigkeit hin getestet. Es wird somit geprüft, inwieweit das durch das Training erworbene Wissen dem unbekannten Ursachen-Wirkungs-Zusammenhang zwischen dem Verhalten in der Vorsaison und dem Kauf in der Folgesaison entspricht.

Schritt 1 und 2 werden solange wiederholt, bis ein hinreichend gutes Netz bezüglich der Übertragbarkeit gefunden wird. Die ersten zwei Schritte entsprechen dem Finden einer guten Netzwerkarchitektur, der zufriedenstellenden Parametrisierung des Backpropagation-Algorithmus und damit verbunden dem Finden adäquater Gewichte. Anschliessend erfolgt eine ökonomische Validierung des in Schritt eins und zwei gefundenen hinreichend guten Netzwerks.

Bei dieser Analyse wird untersucht, welchen ökonomischen Erfolg das neuronale Netz erzielt hätte, wenn es schon in der betreffenden Saison zur Verfügung gestanden hätte.

Die Aufgabe der entwickelten neuronalen Netze ist es, den komplexen unbekannten Ursachen-Wirkungs-Zusammenhang zwischen den charakteristischen Eigenschaften der Kunden und deren Kauf aus einem der Kataloge zu lernen. Die Approximation des gesuchten funktionalen Zusammenhangs lässt sich durch die Generalisierungsfähigkeit des Netzes messen.

Die rückwirkende Analyse des Werbemitteleinsatzes gibt Aufschluss über das Verbesserungspotential durch das neuronale Netz. Eine Wahl der Ausstattungsdichte aufgrund dieser Analysen würde jedoch nur unter einer konstanten Kundenstammqualität zu einem entsprechenden Erfolg führen. Da die Qualität aller Kunden als nicht konstant angesehen werden kann, muss dies im Prognosemodell berücksichtigt werden.

Um den zukünftigen Einsatz der Werbeträger zu optimieren, interessiert sich ein Marketing-Manager zum Beispiel für die folgende Fragestellung:

Mit welcher Ausstattungsdichte erreiche ich wieviele Käufer, welchen Umsatz, welchen Bruttobestellwert, welche Kosten-Umsatz-Relation und schliesslich welchen Deckungsbeitrag?

Folglich ist es notwendig, diese Kennzahlen schon während der Werbeträgerplanung hinreichend genau prognostizieren zu können. Hierzu steht zum einem das neuronale Netze zur Beurteilung der Kundenqualität und zum anderen eine Erfahrungsmatrix zur Verfügung. Diese Matrix bildet den vom neuronalen Netz ermittelten Scorewert eines Kunden auf seine Bestellwahrscheinlichkeit, den erwarteten Nettoumsatz und den Bruttobestellwert ab.

Zur Prognose der Kennzahlen werden im ersten Schritt alle Kunden mit Hilfe des neuronalen Netzes beurteilt. Im zweiten Schritt wird mit Hilfe der Scorewert-Erfahrungsmatrix die Bestellwahrscheinlichkeit für jeden Kunden sowie deren Bruttobestellwert und Nettoumsatz prognostiziert. Anhand dieser auf jeden einzelnen Kunden durchgeführten Prognosen werden anschliessend die im Rahmen dieser Arbeit vorgestellten Kennzahlen in Abhängigkeit von der Ausstattungsdichte prognostiziert. Die Prognosegüte hängt im Wesentlichen von folgenden Bedingungen ab:

- Das Kundenverhalten bleibt im Durchschnitt gleich, d.h. die Beweggründe einer Bestellung bleiben, bezogen auf die Mehrheit der Kunden, konstant.
- Das angebotene Segment der Werbeträger sowie die Anzahl der Seiten pro Katalog bleibt annähernd unverändert. Eine Verringerung der Seiten führt zu einem verminderten Angebot und damit zu einer niedrigeren Käuferquote.

Das Prognosemodell ist demnach in der Lage, das aus der Erfahrung des neuronalen Netzes unterstellte optimale Kunden-Mix ökonomisch zu beurteilen. Grundlage der Beurteilung ist die prognostizierte Qualität jedes einzelnen Kunden, die aufgrund seines Verhaltens in der Vorsaison unterstellt wird. Mit Hilfe dieses Vorgehens werden quantitative und qualitative Veränderungen des Kundenstamms bereits in der Planungsphase detailliert berücksichtigt. Eine genaue Antizipation unternehmerischen Handelns ist erreicht.

Eine auf Data Mining beruhende Managementlösung bildet einen Brückenschlag zwischen den Anforderungen des Managements sowie den zur Verfügung stehenden Technologien und Daten. Aufgrund dieser interdisziplinären Eigenschaft des Data Minings sollten Mitarbeiter aus den betroffenen Fachbereichen in den Entwicklungsprozess der Managementlösung eingebunden werden. Dazu gehören in der Regel neben den beteiligten Marketingmanagern und Data Mining-Spezialisten, noch Mitarbeiter aus der EDV-Abteilung (Datenbankadminstratoren), dem Aussen- und Innendienst oder den Customer Care-Abteilungen. Dabei ist ein Projektmanagement zur Koordination und Motivation der beteiligten Mitarbeiter eine unabdingbare Notwendigkeit für ein erfolgreiches Data Mining-Projekt. Denn nicht die exzellente Lösung, sondern deren Umsetzung ist letztendlich für den Erfolg verantwortlich. Generell lässt sich die Entwicklung einer Data Mining-Lösung in mehreren Stufen darstellen.

Die Ausprägungen und Dauer der einzelnen Stufen hängen von der Aufgabenstellung und dem Erfahrungsschatz der beteiligten Mitarbeiter ab. Folgende zehn Stufen sind charakteristisch für die Entwicklung einer auf Data Mining beruhenden Managementlösung:

In dieser Phase gilt es, das Managementproblem zu analysieren. Eine Aussage wie "wir möchten mehr Umsatz im nächsten Jahr" oder ähnliche Generalisierungen sind dabei keine Seltenheit. Erst durch gezieltes Nachfragen wird deutlich, dass die Umsatzsteigerung nur durch eine Ausschöpfung bestehender Kunden oder etwa durch eine systematische Gewinnung qualitativ hochwertiger Neukunden ermöglicht wird.

Die Analyse von Rahmenbedingungen bildet einen weiteren Bestandteil der ersten Stufe. Diese lassen sich mit Hilfe eines Lösungsszenarios herauskristallisieren. Dabei wird festgestellt, welche Optionen die Data Mining-Lösung beinhalten kann und welche aus finanziellen, organisatorischen oder politischen Gründen nicht in Frage kommen. Erst wenn das Ziel klar definiert ist und die möglichen Implikationen der Data Mining-Lösung im Einklang mit den Rahmenbedingungen stehen, kann mit der Entwicklung der Data Mining-Lösung fortgefahren werden.

Das vom Management formulierte Ziel muss in eine Data Mining-Aufgabe transformiert werden. So wird beispielsweise das Managementziel "mit Hilfe des gezielten Einsatzes von Kundenbindungsmassnahmen die Abwanderung von Kunden zu verhindern" in das operative Ziel "wie erkenne ich, dass ein Kunde gefährdet ist" und daraus resultierend "wie lässt sich die zukünftige Abwanderungswahrscheinlichkeit eines Kunden prognostizieren" heruntergebrochen. Die Aufgabenstellung des Data Minings würde dann in der Entwicklung eines Modells zur Prognose der Abwanderungswahrscheinlichkeit von Kunden bestehen. Je genauer die Prognose, desto enger kann der Kreis der gefährdeten Kunden eingegrenzt werden und umso gezielter lassen sich Kundenbindungmassnahmen bzw. das dafür bereitgestellte Budget einsetzen.

Welche Daten könnten für das Data Mining nützlich sein und welche Daten stehen zur Verfügung? Diese Frage muss im Daten-Audit beantwortet werden. In dieser Stufe werden die einzelnen Datenfelder vorhandener Datenbanken hinsichtlich ihres möglichen Beitrages zur Lösung der Aufgabenstellung beurteilt. Die Datenqualität der einzelnen Felder spielt bei diesem Prozess eine wesentliche Rolle.

Schwierig wird der Daten-Audit insbesondere dann, wenn die relevanten Kundeninformationen nicht in einer zentralen Marketingdatenbank, sondern unternehmensweit in unterschiedlichen Datenbanken vorliegen. Hier muss besonderer Wert auf eine mögliche Zuordnung der unterschiedlichen Daten gelegt werden. Umgesetzte Datawarehouse-Konzepte, die einen unternehmensweiten Zugriff auf Daten ermöglichen, erleichtern in solchen Fällen den Daten-Audit erheblich.

Neben den im Unternehmen vorhandenen Kundeninformationen können auch externe Daten für das Data Mining herangezogen werden. So bieten Adressbroker Informationen an, mit denen Kunden oder Interessenten zusätzlich qualifiziert werden können.

Bei der Auswahl der Data Mining-Methode spielen neben der Aufgabenstellung noch weitere Faktoren eine Rolle. Dazu gehört zunächst die Struktur der Daten, handelt es sich zum Beispiel in der Hauptsache um diskrete Variablen oder um normalverteilte stetige Merkmale.

Auch weiche Faktoren, wie die persönliche Präferenz des Data Mining-Spezialisten, der evtl. mit einer bestimmten Methode die besten Erfahrungen gemacht hat, beeinflussen die Methodenwahl. Es sollte darauf geachtet werden, dass bei der Auswahl der Methode das Managementziel und kein wissenschaftliches Ziel im Vordergrund steht. Schliesslich geht es in den meisten Fällen nicht darum, die Prognose um einen Prozentpunkt zu verbessern, sondern vielmehr darum, eine stabile, umsetzbare und praxisorientierte Managementlösung zu entwickeln.

Auch die in Stufe 1 definierten Rahmenbedingungen können bei der Methodenwahl eine Rolle spielen. So kann die Transparenz und leichte Verständlichkeit der Data Mining-Lösung ein wesentlicher Erfolgsfaktor des Projektes sein. Man denke beispielsweise an den Aussendienst, der wissen möchte, warum er ausgerechnet den einen Kunden besuchen soll und einen anderen nicht. Wird das Data Mining-Modell bspw. mit CHAID entwickelt, so ist die Kundenbewertung nachvollziehbar, während ein auf neuronalen Netzen basierendes Modell dem Aussendienst höchstens eine äusserst komplexe Formel zur Begründung liefern könnte.

Unter einem Flatfile wird in der Regel eine Datei verstanden, die alle für eine bestimmte Aufgabe relevanten Kundeninformationen enthält. Bei der Erstellung des Flatfiles sind in der Regel Aggregationsprozesse notwendig. So sind bspw. nicht alle Kaufdaten aus der Buchhaltung relevant, sondern evtl. nur deren kumulierte Höhe, das spezifische Sortimentskaufverhalten, die Anzahl der gekauften Produkte, das bevorzugte Preissegment, die Zeit seit dem letzten Kauf oder der kundenspezifische Kaufrhythmus. Es empfiehlt sich, eine Vielzahl von Sekundärdaten zu generieren, so dass das Data Mining Tool die relevanten Informationsblöcke aus einer Fülle von möglichen Merkmalen bestimmen kann. Der Phantasie des Data Miners sind dabei keine Grenzen gesetzt.

Nach der Aggregation der Daten müssen diese noch transformiert werden. Die notwendigen Transformationen hängen unmittelbar von dem gewählten Data Mining-Instrument ab.

So verwenden einige Methoden nur diskrete Merkmale (CHAID), andere nur binär kodierte (Genetische Algorithmen) oder sowohl stetige, binär kodierte, als auch diskrete Merkmale (Neuronale Netze).

Die in dem Flatfile vorhandenen Daten werden mit Hilfe des Data Mining-Instrumentes analysiert. Die Vorgehensweise des Analyseprozesses hängt selbstverständlich von der gewählten Methode ab.

So passt sich die Struktur eines neuronalen Netzes in einem iterativen Prozess selbständig an die gesuchte Lösung an. Dabei adaptiert das neuronale Netz Zusammenhänge, die zwischen den vorhandenen Informationen und der gesuchten Verhaltensweise von -in diesem Fall- Kunden bestehen.

CHAID hingegen identifiziert zunächst das Merkmal, das den grössten Einfluss auf die gesuchte Lösung hat, und segmentiert die Daten nach deren Ausprägung. Anschliessend werden die gebildeten Segmente nach weiteren, für die Lösung entscheidenden, Merkmalen untersucht und das Modell dementsprechend verfeinert.

Bei der Verwendung der linearen Regression wird jedes einzelne Merkmal hinsichtlich seiner Auswirkung auf den zu prognostizierenden Sachverhalt untersucht und in einer linearen Zuordnungsvorschrift zusammengefasst.

Wendet man Kohonen-Netze an, so werden Kunden selbständig in Cluster (Zielgruppen) eingeteilt, die in einem weiteren Schritt hinsichtlich ihrer clusterspezifischen Verhaltensweisen untersucht werden können.

Insbesondere das Database-Marketing bietet eine Fülle von Testmöglichkeiten. Die in den Datenbanken zur Verfügung stehenden Informationen lassen eine Vielzahl von retrospektiven Analysen zu. Mit Hilfe dieser Tests kann festgestellt werden, welche Performance die entwickelte Data Mining-Lösung in der Vergangenheit gehabt hätte. Empfehlenswert ist, bei der Entwicklung auf einen Testdatenbestand zurückzugreifen, um später Cross-Validierungstests durchführen zu können.

Dadurch kann festgestellt werden, ob die entwickelte Lösung für die Masse der Kunden gültig ist oder ob eventuell nur samplespezifische Sachverhalte ermittelt worden sind.

Eine weitere Testmöglichkeit bietet ein simulierter Praxistest. Dabei werden Kunden mit Hilfe des entwickelten Instruments beurteilt und deren zukünftiges Verhalten beobachtet. Am Ende des Prognosezeitraums kann das vorhergesagte Verhalten dem tatsächlich gezeigten Verhalten gegenübergestellt werden. Die Qualität des Prognosemodells wird dadurch quantifizierbar.

Nach der Testphase wird das entwickelte Tool in die betrieblichen Abläufe integriert. Die EDV-technische Einbettung des erstellten Instrumentes hängt sowohl von der EDV-Umgebung als auch von den organisatorischen Bedingungen des Unternehmens ab. So kann die Data Mining-Lösung sowohl in die Marketingdatenbank integriert werden als auch auf einem externen Rechner via Schnittstellen zum Datenbank-Managemen-System betrieben werden.

Einen wesentlichen Erfolgsfaktor bilden die Aufklärung und Schulung der betreffenden Mitarbeiter. Sollten diese nicht schon während der gesamten Projektphase eingebunden worden sein, so gilt es, sie über das Ziel und die Funktionsweise der Management Lösung aufzuklären. Die Präsentation der Testergebnisse oder die exemplarische Einführung des entwickelten Modells in einer Testregion können hierzu entscheidende Beiträge liefern.

Die Performance der entwickelten Management-Lösung sollte in regelmässigen Abständen untersucht werden. Dadurch ist es möglich, unterschiedliche interne und externe Einflussgrössen auf das formulierte Ziel hin zu kontrollieren und gegebenenfalls die Lösung an neue Bedingungen anzupassen. So kann eine Data Mining-Lösung zur Prognose des Customer-Lifetime-Value, ein Wert zur Messung des lebenslangen Beitrages des einzelnen Kunden für das Unternehmen, beispielsweise Hinweise auf die Qualität von Neukunden-Gewinnungs-Massnahmen oder des aktuellen Produktportfolios geben.

Sinkt der durchschnittliche Customer-Lifetime-Value, so wurden gegebenenfalls die falschen Interessenten durch eine Kampagne angesprochen, oder das Produktportfolio ist um ein im Sinne der Kundenauschöpfung wichtiges Produkt bereinigt worden.

Entscheidend ist, dass die entwickelte Lösung in ihrem oftmals komplexen Umfeld gesehen werden sollte, um so alle mit der Lösung verbundenen Möglichkeiten voll ausschöpfen zu können.

Software-System

4.1 Allgemein

Database-Marketing ist das Planvolle erfassen und kontaktieren von Adressen in einer Datenbank und über Analysen Geschäfte zu realisieren. Die Tätigkeiten des Database-Marketing lassen sich nicht sofort in Mark und Pfennig ausrechnen, sondern sind vielmehr eine langfristige Investition, aus der in der Zukunft Geschäfte generiert werden können. Database-Marketing-Programme verwalten einen Vielzahl von Informationen und arbeiten mit dem Telemarketing gemeinsam dem Vertrieb zu. Hierzu einige Beispiele:

Beispiele

Wird ein Geburtstag eines Ansprechpartners erfasst, so sollte der zuständige Telemarketing- oder Vertriebsmitarbeiter an diesem Tag in seiner Wiedervorlagenliste diesen Interessenten / Kunden sehen und ihn anrufen und zum Geburtstag gratulieren. Damit wird das sogenannte „Menscheln" unterstützt und eine persönliche Bindung zu diesem Kunden / Interessenten aufgebaut.

Wenn in der Datenbank Hobbys oder Interessengebiete erfasst sind, kann zum Beispiel bei einer Promotionsaktion der Kunde gezielt berücksichtigt werden. Hat er Interesse an Eishockey und ist Fan der Frankfurt Lions, so kann man ihm eine Eintrittskarte zu einem Spiel zuschicken.

Mit diesen Aktionen und anderen dieser Art kann man sich bei Interessenten / Kunden positiv ins Gedächtnis rufen. Sollte dieser Interessent / Kunde einmal einen Bedarf an Produkten haben, die wir Ihm anbieten können, wird er sich an uns erinnern und sicherlich auch uns kontaktieren. Hier ist es nun wichtig, dass bei einem Erstkontakt die Methoden des Customer Vision angewendet werden. Sollte dieser Interessent keinen zuständigen Mitarbeiter erreichen oder wird dieser unfreundlich behandelt, so wird er diese Anfrage verwerfen. Gleichzeitig werden solche gut betreuten Interessenten von ihren Erlebnissen berichten. Ein gut betreuter Interessent / Kunde wird es rund fünfmal weitererzählen. Wird er jedoch schlecht behandelt oder fühlt sich nur so, wird er es zehn- bis zwanzigmal weitererzählen. Hier ist grösste Vorsicht geboten, da alle Investitionen im Telemarketing und Datebase-Marketing durch eine Kleinigkeit oder Unfreundlichkeit eines einzelnen Mitarbeiters unwiderruflich verloren gehen.

Jedoch sollte sich jedes Unternehmen vorher überlegen, dass die ersten zwei bis drei Jahre aus so einer Datenbank kein und kaum Geschäfte resultieren. Eine Telemarketing-Datenbank dient sowohl der Kundenbetreuung und der Datenerhebung. Umso mehr und besser die Daten sind, umso besser sind auch die Analysen.

Besonders ist darauf zu achten, dass sogenannte Kundenkontakt-Programme auch von Telemarketing beziehungsweise vom Database-Marketing erledigt werden können. Dabei können auch die fehlenden Daten erhoben werden.

Eine weitere Aktion für das Füllen der Database-Marketing Datenbank ist das Einkaufen von Adressen. Hier werden zumeist bei Schober oder Kreditreform Adressen bezogen, die auf Postleitzahlengebiete und Branchen beschränkt sind. Besonders wichtig dabei ist die Aktualität der Telefonnummer. Diese Adressen müssen, wie am Anfang beschrieben qualifiziert werden. Dabei ist wichtig, dass Adressen, die kein Potential für die angebotenen Produkte haben, nicht gelöscht werden, sondern nur entsprechend eingestuft werden. Somit ist eine Doppelarbeit durch neue Adressen weitgehend ausgeschlossen.

Gleichzeitig sollten Telemarketing-Mitarbeiter nicht nur Zugriff auf die Database-Marketing-Datenbank haben, sondern auch auf das Warenwirtschaftssystem oder PPS-System des Unternehmens. Wichtig bei Anrufen ist auch, vorher festzustellen, dass dieser Kunde zum Beispiel nur Zubehör einkauft oder ein ehemaliger Kunde ist und so weiter. Auch sollten bei Anrufen Fragen gestellt werden, inwieweit der Kunde mit den Produkten zufrieden ist, ob er Anmerkungen hat oder gar einen Serivce benötigt.

Das Ziel des Database-Marketing liegt in der Datensammlung und deren Auswertung sowie der telefonischen Kundenbetreuung und dem Aufbau von emotionalen Bindungen des Interessenten / Kunden an das Unternehmen.

4.2 Database-Marketing-Software

Auf den nachfolgenden Seiten werden wir die Software TS-VUS in Zusammenarbeit mit der Warenwirtschaft TS-Trade betrachten. Informationen aus beiden Programmen bilden eine gute Datenbasis für das Database-Marketing. Ausserdem werden wir die Daten, die erfasst werden können, am Beispiel der Telemarketing-Software „TS-VUS" aufzeigen und die entsprechenden Analysen der einzelnen Daten in Beispielen vorgeben.

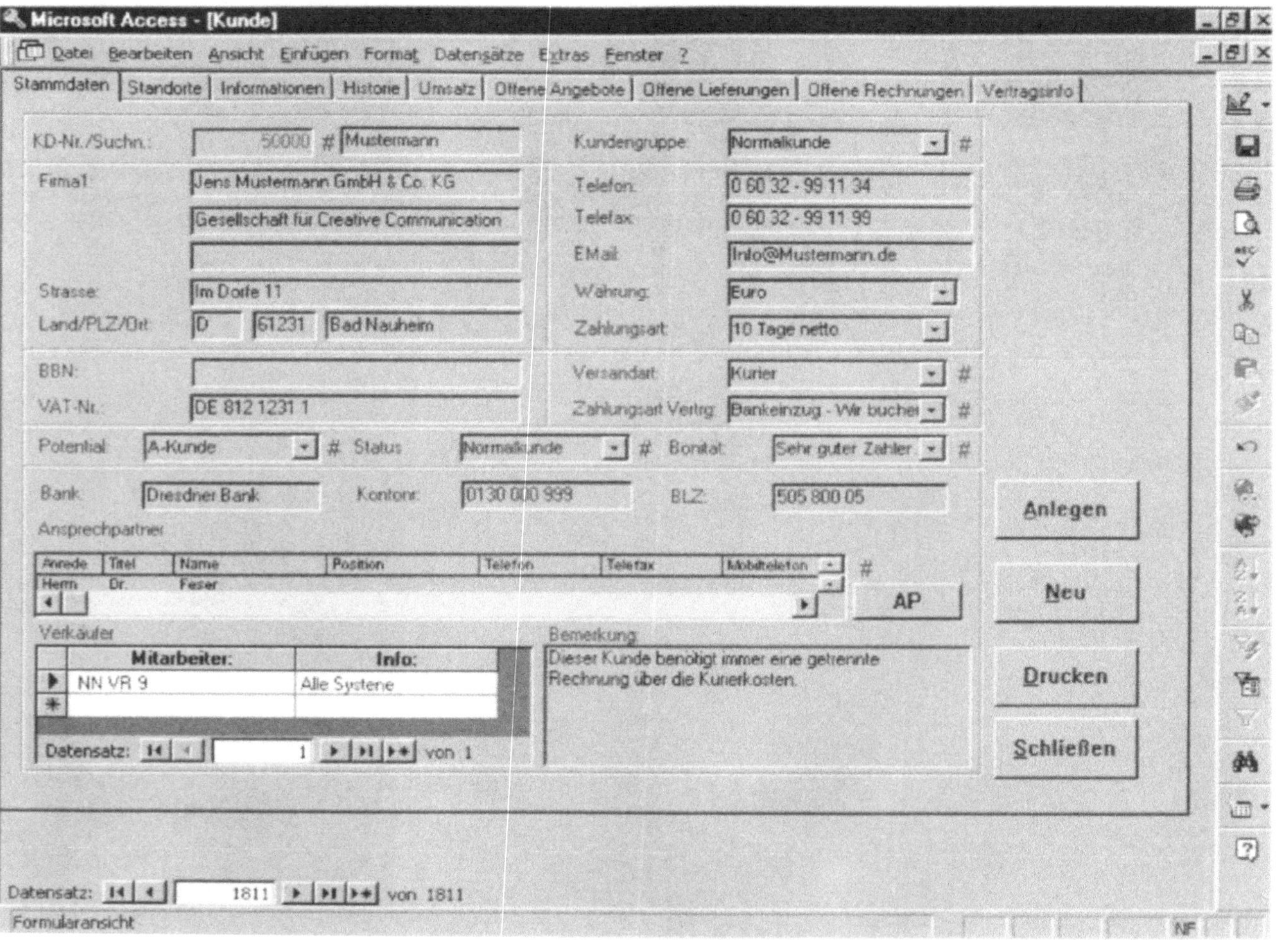

Abb. 4.2.1 Beispiele Software Systeme

Sie können auf der gegenüberliegenden Seite erkennen, dass Sie alle Basisinformationen zu einem Kunden auf einer Bildschirmseite sehen können.

Wichtig dabei ist, dass Sie sowohl die Ansprechpartner bei dem Kunden oder Interessenten sehen können wie auch die internen Zuständigkeiten für bestimmte Bereiche. Die dargestellten Informationen sollen dem Telemarketing-Mitarbeiter einen ersten Überblick über den Kunden geben. Während eines Telefonates können hier alle Informationen direkt geändert.

Als besonders wichtig ist hier die Verknüpfung zur Warenwirtschaft des Unternehmens zu sehen. Sollte der Kunde Ware bestellt haben, und diese noch nicht bekommen haben, kann direkt per Knopfdruck der Grund festgestellt werden.

Der Vorteil solcher Informationen liegt in der von dem Kunden empfundenen Kompetenz des Anrufers. Auch kann hier nach den schon erstellten Angeboten nachgefragt und somit eine Rückkopplung aufgebaut werden.

Dem Telemarketing-Mitarbeiter stehen alle Informationen über diesen Kunden einfach und schnell per Knopfdruck zur Verfügung.

Für ein gutes Telemarketing-Gespräch ist es von besonderer Bedeutung, die vorhandenen Daten abzugleichen und entsprechend zu validieren, fehlende Daten zu ergänzen, um somit eine vollständige und gut gepflegte Database-Marketing-Datenbank zu erhalten. An diesem Tool ergänzen sich nun Informationen, die nicht im direkten Zusammenhang mit der Warenwirtschaft stehen, jedoch für das Telemarketing von Bedeutung sind.

4.2.1 Arbeitsweise des Telemarketing

Betrachten wir nun die möglichen Arbeitsweisen des Telemarketings. Telemarketing-Aktionen können in folgende Schritte unterteilt werden:

- Analyse und Selektion der zu bearbeitenden Kunden und Interessenten
- Erstellung eines Fahrplans (Aktionsplan)
- Selektion der gewonnenen Informationen
- Weitergabe und Erfassung dieser Informationen

Möglichkeiten für einen Analyse und Selektion der Kunden und Interessenten:

- Selektion nach Branche
- Selektion nach Unternehmenskennzahlen
- Selektion nach Potential
- Selektion nach Interessengebieten
- Selektion nach geographischen Gebieten
- Selektion nach vorhandenen Systemen und deren alter
- Selektion nach Teilnahme an Veranstaltungen (Hausmesse)
- Selektion nach versendeten Mailings

Es bestehen durchaus noch weitere Selektionsmöglichkeiten, die oben genannten sollten jedoch als Überblick über die Möglichkeiten ausreichend sein.

Nachdem wir nun die Kunden und Interessenten selektiert haben, sollte ein Fahrplan festgelegt werden. Dieser Fahrplan beinhaltet folgende Kernpunkte:

- Kontaktaufnahme mit dem zuständigen Ansprechpartner
- Einwandsbehandlung / Vorgehensweise bei Abblockung durch ein Sekretariat
- Vorstellung des Unternehmens und des Grundes für den Anruf
- Interesse wecken bei dem Ansprechpartner für diese Aktion

-   Welche Daten sollen abgefragt werden, welche Daten müssen überprüft werden?
-   Beendigung des Gesprächs

Anhand dieses Beispiels möchten wir Ihnen den Fahrplan näher bringen:

Guten Tag, meine Name ist ... von der Firma ... ist Herr/Frau ... oder wer ist zuständig für ...

Guten Tag, mein Name ist ... von der Firma ... wir führen eine Aktion mit der ZIELSETZUNG durch. Haben Sie einen Moment Zeit?
NEIN -> Einwandsbehandlung
Ja, vielen Dank, ich werde mich kurzfasen ...

Einwandsbehandlungen:
-   Herr / Frau hat keine Zeit -> Wann kann ich denn wieder anrufen
-   Ich bin leider im Stress / ich habe keine Zeit -> Das kann ich gut verstehen, wann würden Ihnen den ein Anruf besser passen
-   Wir haben alles neu / wir kaufen nichts -> Darum geht es nicht, wir führen eine Aktion mit dem Ziel unsere Datenbank zu aktualisieren durch ....
-   Wir haben kein Interesse -> Gibt es einen anderen Ansprechpartner in Ihrem Haus

Die Einwandsbehandlungen sollte mit der Zeit wachsen und den Mitarbeitern gut bekannt sein. Einwände sind meistens Vorwände. Dabei darf das Telemarketing nicht mit Einwänden argumentieren.

Nun setzt das sogenannte menscheln oder auch Warmup ein. Es muss eine persönliche Beziehung zwischen dem Anrufer und dem Angerufenen aufkommen. Danach können die Daten abgefragt werden.

Kommen wir nun so der Auswertung der Ergebnisse einer Telemarketing Aktion. Eine grobe Selektion der Ergebnisse sollte nach den folgenden Kriterien erfolgen:

- Erfolgreiche Abfrage
- Nicht erfolgreiche Abfrage
- Dringender Handlungsbedarf

Stellen wir bei einem Kunden oder Interessenten einen dringenden Handlungsbedarf fest, ist dieser an den zuständigen Vertriebsmitarbeiter respektiven den Aussendienstmitarbeiter weiterzuleiten. Diese Ergebnisse werden als sogenannte Hot Leads bezeichnet.

Konnten Daten nicht abgefragt werden, ist hier nach folgenden Kriterien zu unterscheiden:

- Keine Interesse
- Adresse / Unternehmen erloschen
- Unbekannt verzogen
- Niemanden erreicht

Liegt der Grund kein Interesse vor, so kann hier eine Wiedervorlage erstellt werden, um diesen Kunden in rund einem halben Jahr nocheinmal zu kontaktieren.

Ist die Adresse erloschen oder unbekannt verzogen, sollte die Adresse nicht im Datenbestand gelöscht werden, sondern mit den entsprechenden Kriterien versehen werden, dass diese Adresse tot ist.

Wurde ein Unternehmen übernommen, oder wurde das Unternehmen aufgekauft, ist es wichtig, hier eine Information über das neue Unternehmen zu bekommen. Auch sollte das Stammhaus, soweit möglich erfaßt werden. Hier bietet sich ein zusätzliches Potential an. Oft werden auch vom Haupthaus die Entscheidungen zentral festgelegt für alle Unternehmen. Umsomehr sollte das Haupthaus vom Marketing angegangen werden, damit die Filiale nicht schon bald ein ehemaliger Kunde ist. Hierbei kann dann auch für andere Filialen / Niederlassungen und auch für das Haupthaus entsprechend geworben werden.

Konnte niemand erreicht werden oder war der Ansprechpartner nicht verfügbar, so kann eine gezielte Wiedervorlage auf einen kürzeren Zeitraum (ca. drei bis vier Wochen) gelegt werden.

Nachfolgend werden wir nun eine Telemarketing-Software betrachten.

4.2.2 Kunden / Interessenten Übersicht

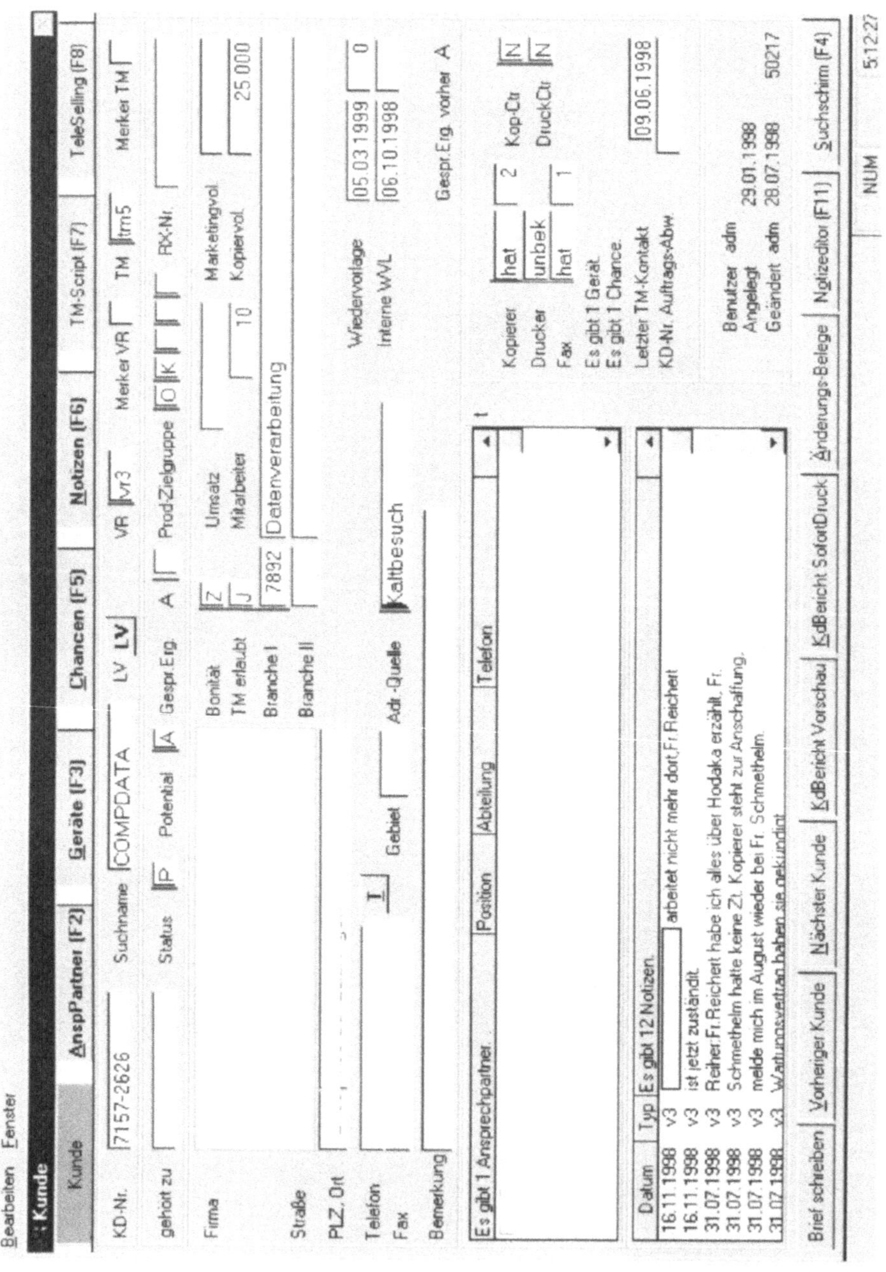

Abb. 4.2.2.1 Beispiele Software Systeme

Auf der linken Seiten sehen Sie den Kunden- und Interessenten-Bildschirm einer Telemarketing-Software. Die Karteikarten geben über mögliche andere Datenbereiche Auskunft. Betrachten wir nun die erste Zeile, so erkennen wir nun die Zuordnung mittels einer Kundennummer sowie eines Suchnamens respektive auch Matchcode genannt. Unter VR verstehen wir hier den zugeordneten Verkäufer und unter TM die zugeordnete Telemarketing-Kraft. Die Merkerfelder habe eine besondere Bedeutung. Wollen wir diese Adresse später schnell wiederfinden, kann hier ein Zeichen eingegeben werden, um diese Adresse zu markieren. In der zweiten Zeile werden die Basisinformationen erfasst. Links wird gegebenenfalls die Kundennummer des Haupthauses eingetragen. Im Feld Status wird die Adresse klassifiziert mit Kennzeichen für Kunden, Lieferanten, Interessenten und so weiter. Das Feld Potential enthält die Klassische ABC-Analyse und im Feld Gesprächsergebnis wird der letzte telefonische Kontakt mit dem Ergebnis dokumentiert. In den Produktzielgruppenfeldern werden die Daten der entsprechenden Interessensegmente eingegeben.

Darunter sehen wir die komplette Adresse. Links davon stehen die spezifischen Daten zum Unternehmen. Bemerkungen zum Kunden können auch erfasst werden. Die Wiedervorlagefelder definieren den Zeitpunkt, wann diese Adresse erneut kontaktiert werden soll.

Darunter sehen wir die Ansprechpartner und deren Kurzinformation. Weiter darunter sehen wir die Notizen, die vom Telemarketing zu diesem Kunden erfasst wurden. Die Notizen sind so sortiert, dass die letzte oben steht. Die Informationen rechts geben Aufschluss über das Datum dieser Adresse, wer sie angelegt und wer sie als letztes bearbeitet hat.

Wichtig ist, dass hier die wichtigsten Informationen des Kunden direkt auf einen Blick sichtbar sind.

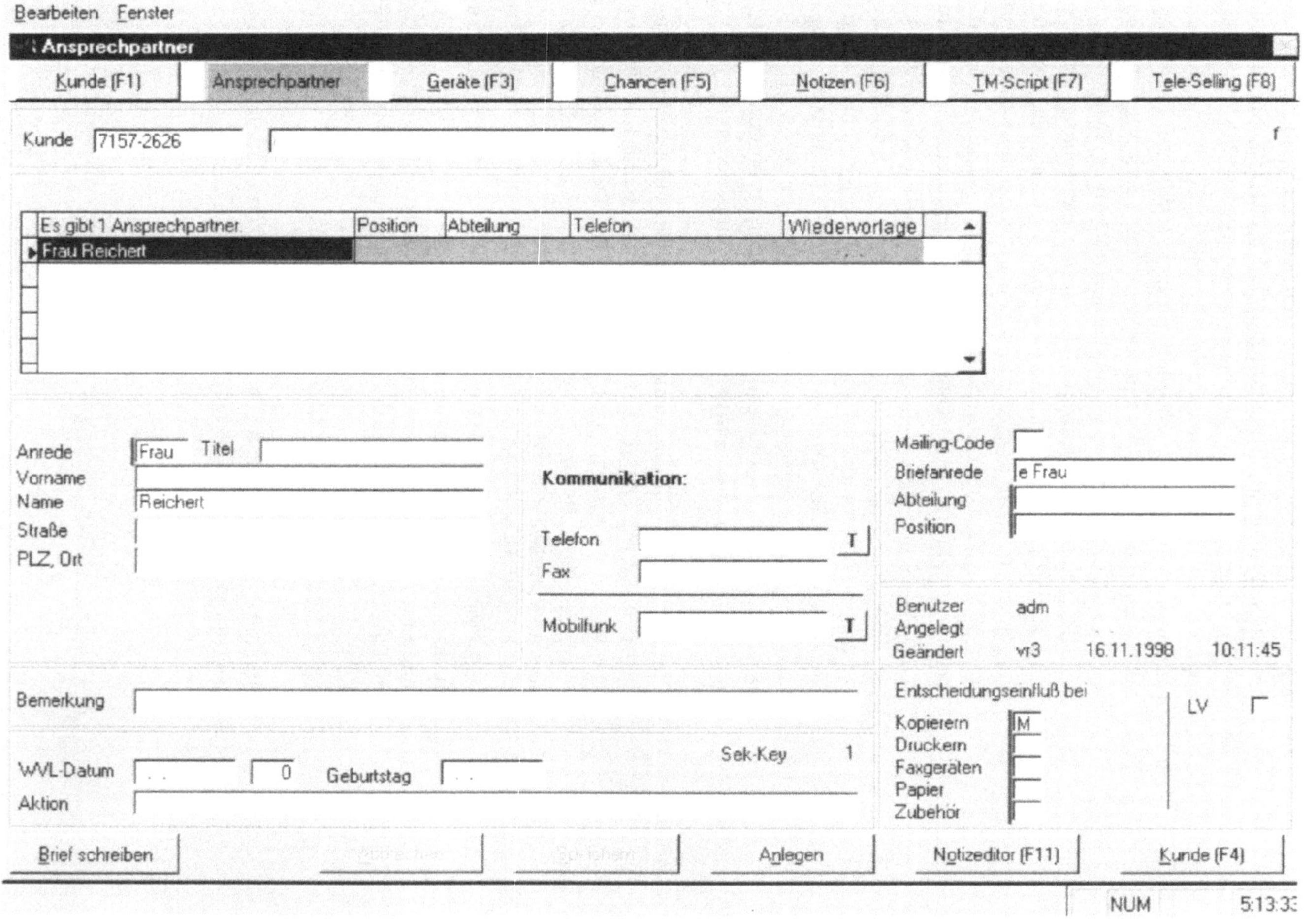

Abb. 4.2.2.2 Beispiele Software Systeme

Bei dem Schirm Ansprechpartner handelt es sich um Detailinformationen zu der auf dem Kunden- und Interessentenschirm angezeigten Informationen.

Im oberen Bereich sehen wie die Daten eines Ansprechpartners in Tabellenform. Wird dort eine Zeile markiert, werden unten entsprechend die Details angezeigt. Neben der Adresse eines Ansprechpartners, die abweichend von der Hauptadresse sein kann (zum Beispiel Geschäftsstelle), sehen wir auf der rechten Seit einen Mailing-Code. Dort können Informationen für Mailings eingegeben werden, die dann entsprechend bei einer Selektion für Mailings berücksichtigt werden. Darunter sehen wir Entscheidungsposition für die hier angelegten Interessengebiete. Entscheidungseinfluss wird wie folgt unterschieden:

- Alleinentscheider
- Mitentscheider
- Entscheidungsbeeinflussung
- Bediener / User
- Keine Entscheidung

Ebenfalls können auch hier an einem Ansprechpartner Wiedervorlagen definiert werden. Kennen wir den Geburtstag und tragen ihn ein, so werden wir an seinen Geburtstag erinnert und können somit diesem Ansprechpartner gratulieren.

In den Aktionen kann festgelegt werden, an welcher Aktion dieser Ansprechpartner beteiligt wird. Beispiel dafür ist eine Hausmesse.

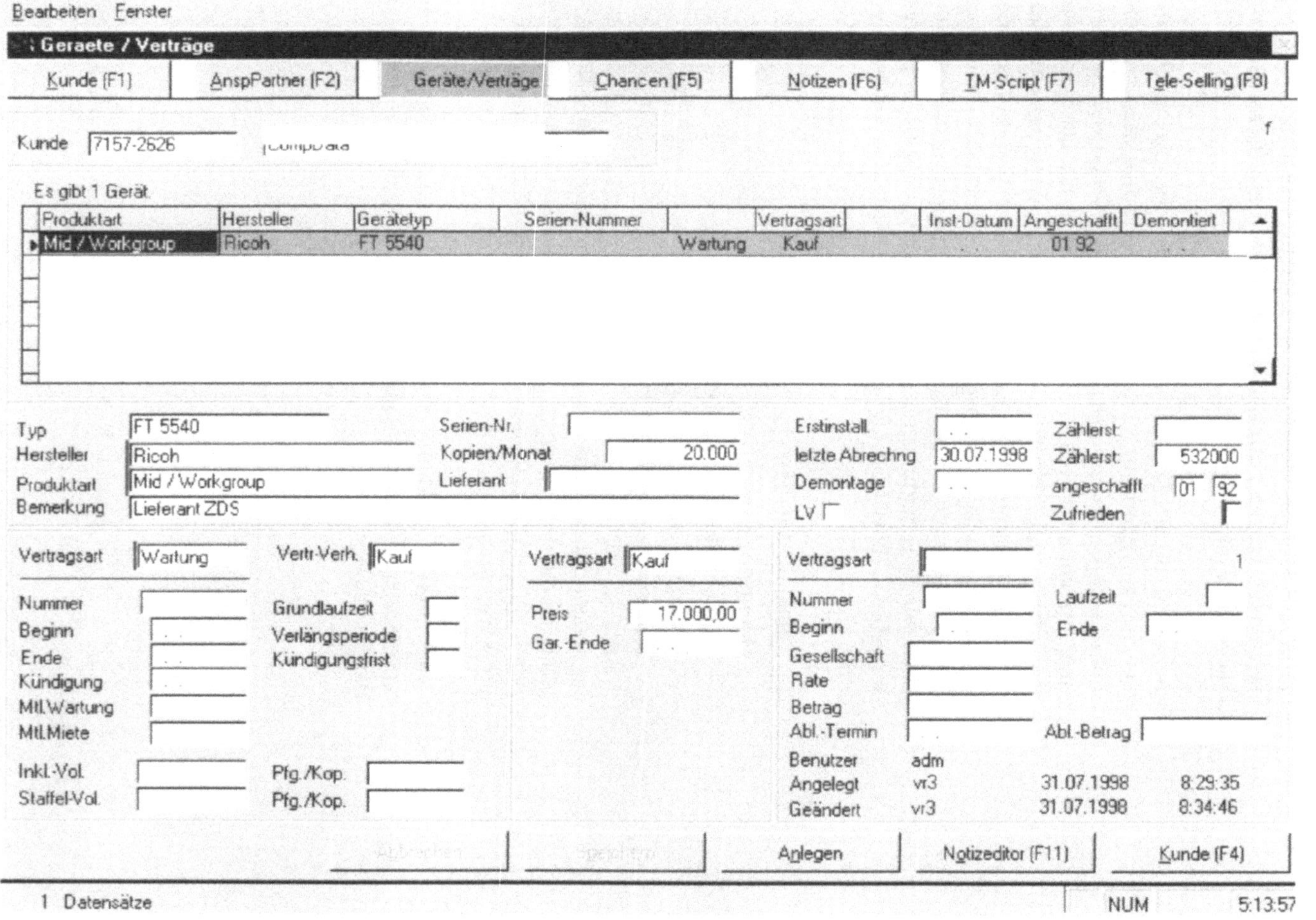

Abb. 4.2.2.3 Beispiele Software Systeme

Unter dem Punkt Geräte / Verträge werden hier Systeme erfasst, die der Kunde oder Interessent im Einsatz hat. Dabei ist es unabhängig, ob diese Geräte von unserem Unternehmen stammen oder von einem Wettbewerber.

Die generelle Struktur ähnelt dem der Ansprechpartner. Im Detailbereich können die genauen Daten erfasst werden. Nicht alle Informationen können je mittels des Telemarketings festgestellt werden. Da hier aber auch die von dem Unternehmen gelieferten Geräte angezeigt werden, sind diese Felder für eigene Maschinen von grosser Wichtigkeit. Die Daten sind aus dem Bereich der Warenwirtschaft bekannt und werden davon auch übernommen.

Die erhobenen Daten können über Kriterien ausgewertet werden. Beispiele für die Auswertung, um Neugeschäft zu generieren:

- Anschaffungsdatum älter als 3 Jahre
- Vertragsauslaufdatum innerhalb der nächsten 6 Monate
- Anschaffungsdatum mit Leasing älter als 2 Jahre
- Alle Maschinen die von einem Lieferanten geliefert wurden, der nun Konkurs ist
- Aktionen für Hausmessen an alle, die Geräte in einer Produktart haben

4.2.3 Chancenverwaltung und Notizen

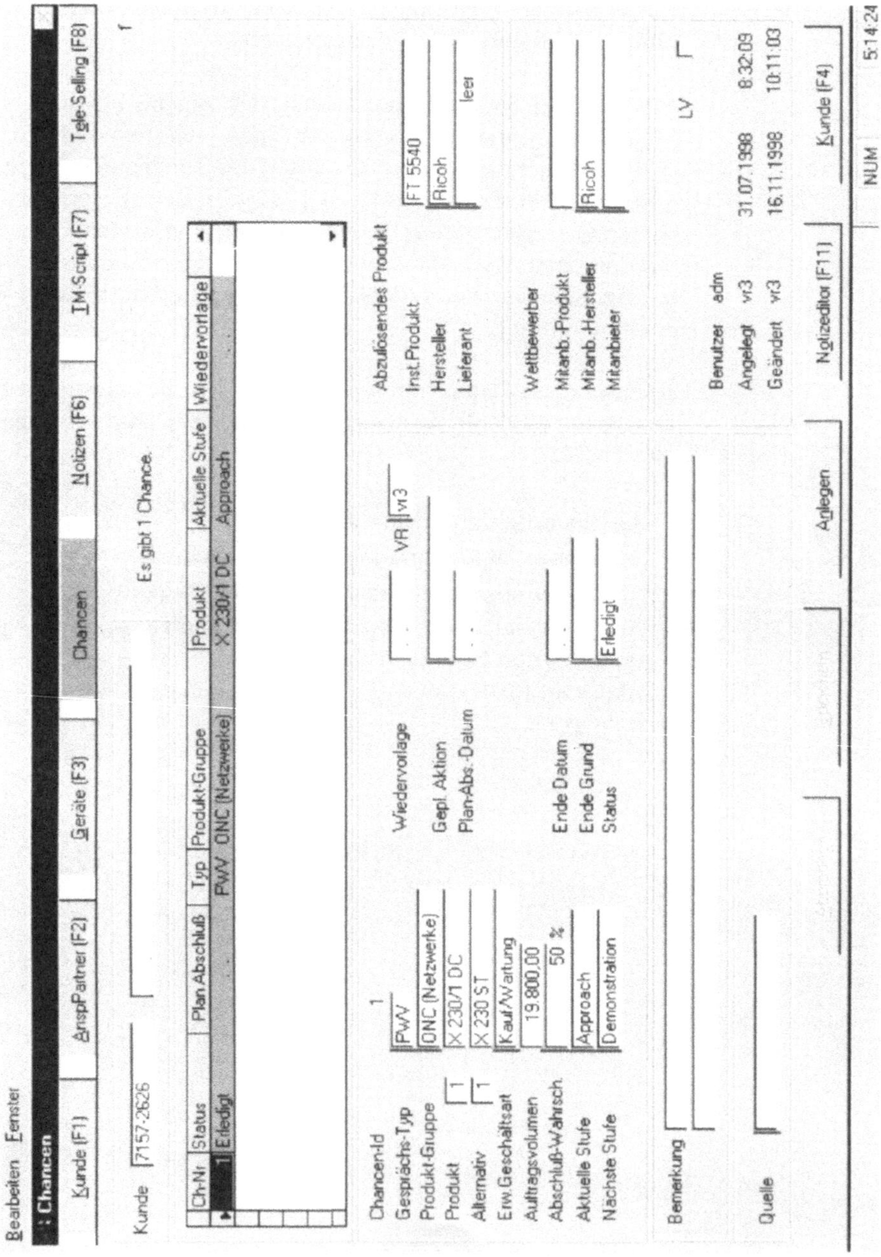

Abb. 4.2.3.1 Beispiele Software Systeme

Im Bereich Chancen werden die Vertriebsaktivitäten des Aussendiensts eingetragen. Eine Chance besteht dann, wenn der Kunde ernsthaftes Interesse an einem Produkt geäussert hat und die Verhandlungen darüber nun anfangen.

Die Eintragung als solches hat zweierlei Gründe:

1. Das Telemarketing weiss, dass der Aussendienst Kontakt zu diesem Kunden hat
2. Über Analysen kann ein erwartetes Umsatzfenster ermittelt werden. Dies sind Steuerungsfunktionen für das Management und für den Vertrieb selber

Die Daten umfassen Angaben zum geplanten Neugerät, zur Ablösung eines Altgerätes sowie den aktuellen Vertriebsschritt mit einer Abschlusswahrscheinlichkeit. Der Status präsentiert das Endergebnis. Dabei wird Folgendes unterschieden:

- Offen (noch in Bearbeitung)
- Erledigt (Kunde hat kein Interesse mehr)
- Gewonnen (Erfolgreicher Abschluss)
- Verloren (Auftrag wurde vom Wettbewerb realisiert)

Weiterhin gibt es hier Informationen zu dem Wettbewerb, der bei diesem zu realisierenden Auftrag mitbietet. Diese können später dann ausgewertet werden, um Statistiken über die Stärken und Schwächen des Wettbewerbers zu erstellen.

- Gegen welchen Wettbewerber haben wir in welcher Produktkategorie gewonnen?
- Bei welchen Produktkategorien haben wir verloren?
- Wer ist der stärkste Wettbewerber?

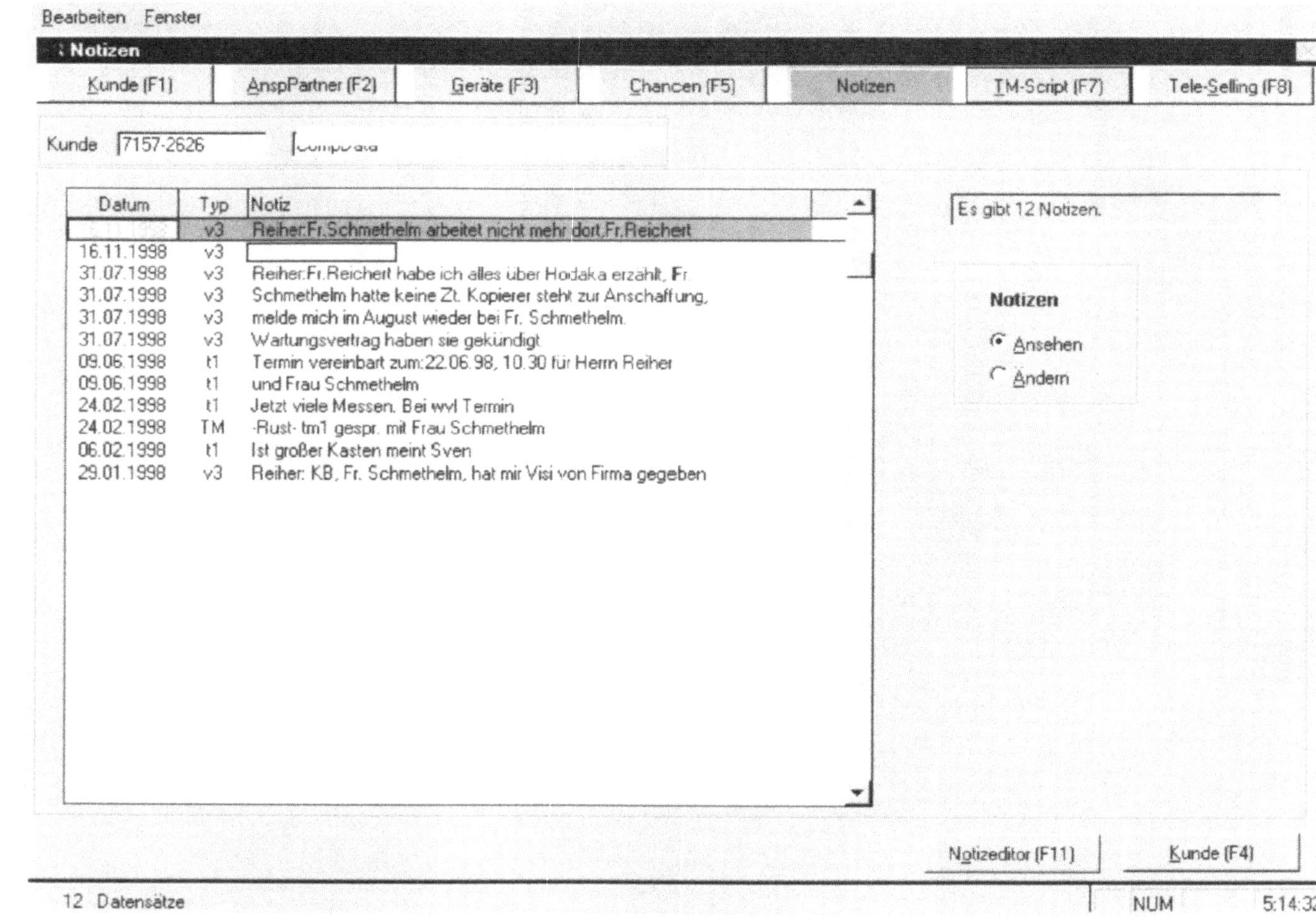

Abb. 4.2.3.2 Beispiele Software Systeme

Auf dem dargestellten Schirm werden alle Notizen angezeigt.

Es können an Notizen auch Veränderungen vorgenommen werden, dabei sollte aber bedacht werden, dass inhaltliche Änderungen und gar das Löschen ganzer Notizen ein falsches Bild widerspiegeln können. Die Funktion ändern ist im Grunde nur für die Korrektur von Rechtschreibfehlern gedacht.

Des weiteren können hier neue Notizen erfasst werden.

Folgende Notizen sollten maschinell generiert und erfasst werden:

- Mailing am XX.XX.XXXX über XXX gesendet an XXX
- Wurde bei der Telemarketing Aktion XXX in der Zeit von XX.XX.XXXX bis zum XX.XX.XXXX bearbeitet
- Einladung zu XXX

Ebenfalls sollte auch der Aussendienst hier Notizen über seinen Besuch erfassen oder erfassen lassen. Somit erhält man von einem Kunden ein recht gutes Bild.

4.2.4 TM - Script

Mittels freier Definition von Telemarketing-Scripten sollen dynamische Bildschirmansichten erstellt werden.

Der Vorteil liegt darin, dass alle zu erfragenden bzw. zu prüfenden Informationen auf einer Seite enthalten sind und somit während des Telefonates keine Funktionen bzw. Erfassungsmasken aufgerufen werden müssen.

Dazu nachstehendes Beispiel.

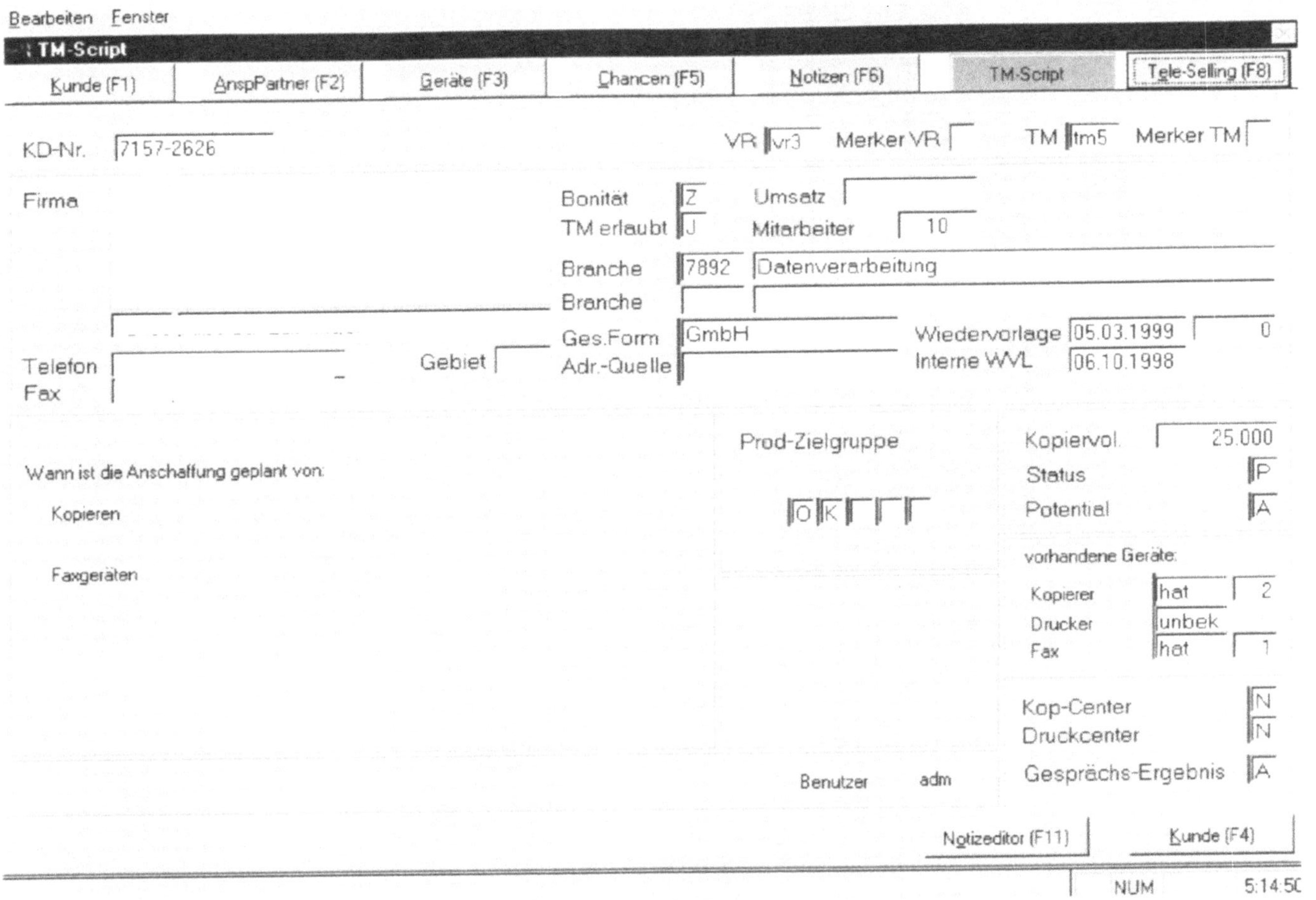

Abb. 4.2.4.1 Beispiele Software Systeme

Im Telemarketing-Schirm werden dynamisch die Datenfelder, die bei einer Telemarketing-Aktion kontrolliert und erhoben werden sollen, auf möglichst einer Bildschirmseite dargestellt.

Dadurch kann gewährleistet werden, dass der sogenannte Fahrplan eingehalten wird und nicht versehentlich vergessen wird, einen Parameter abzufragen oder zu kontrollieren.

Die Bestückung des Bildschirmes entspricht eine Adressvalidierung und Überprüfung. Wesentlicher Vorteil durch einen solchen Schirm liegt in der Arbeitsweise des Telemarketings. Felder die nicht erhoben werden können, oder aber wo keine Daten über die Kunden gegeben werden, sind nicht auf dem Schirm. Während des Telefonates muss nicht zwischen Bildschirmseiten umgesprungen werden. Die Daten können direkt erfasst werden. Die Sprungreihenfolge der Felder kann dem Aufbau des Fahrplans entnommen werden.

4.2.5 Teleselling

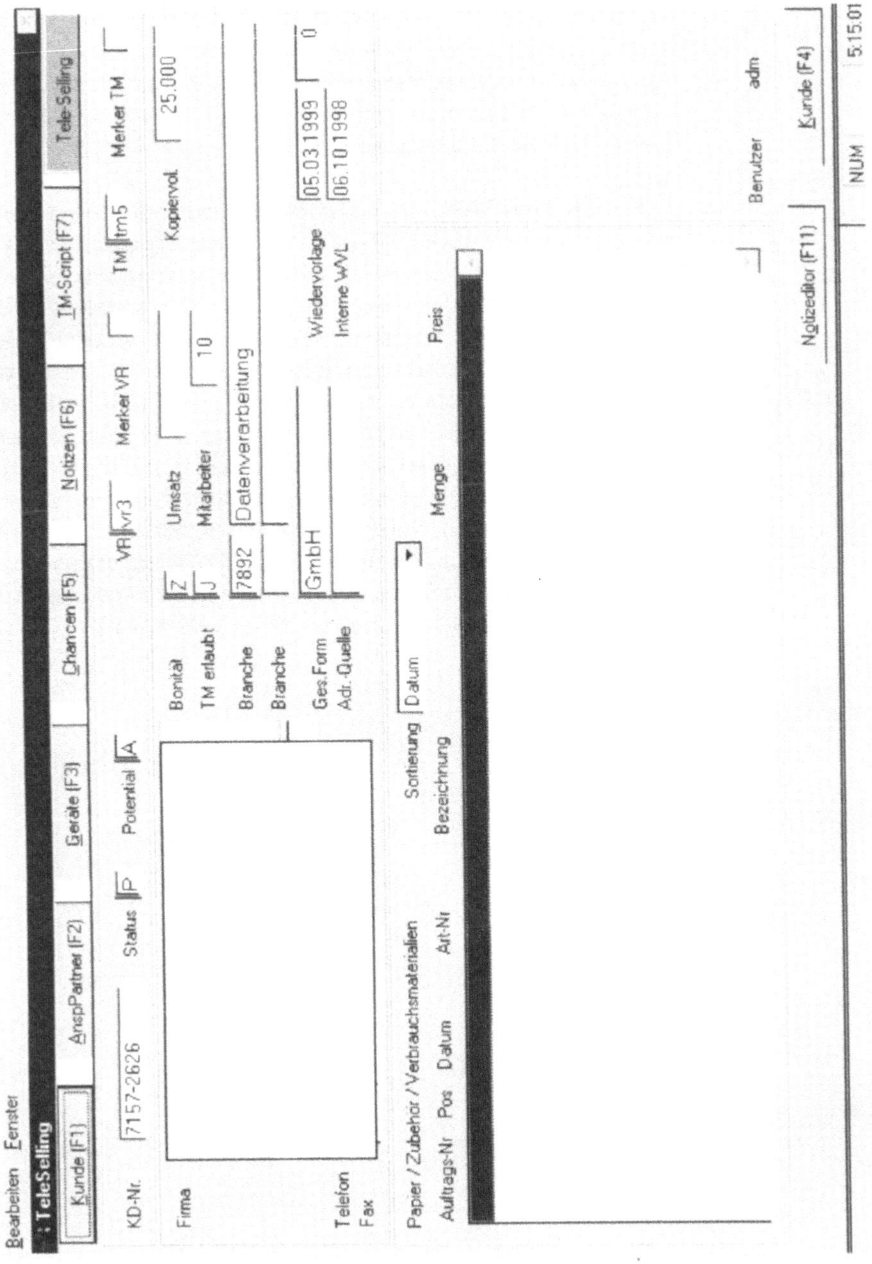

Abb. 4.2.5.1 Beispiele Software Systeme

Der Schirm Teleselling sieht im Gegensatz zum Telemarketing andere Informationen vor. Hier kann in Tabellenform direkt abgelesen werden, welche Produkte der Kunde wann, in welcher Stückzahl und zu welchem Preis kauft hat. Durch Klicken kann auch hier ein direkter Wechsel zur Warenwirtschaft stattfinden, um Informationen über Angebote, offene Lieferungen oder gar offene Rechnungen zu bekommen.

Das Teleselling besteht aus zwei unterschiedlichen Komponenten. Zu einem daraus – wie in diesen Beispielen verwendet –, Geräte zu verkaufen, oder Verbrauchsmaterial zu verkaufen. Nehmen wir einmal an, wir wissen, dass der Kunde regelmässig einen Artikel X bestellt, so können wir rund eine Woche vor der nächsten statistischen Bestellung den Kunden kontaktieren und fragen, ob er wieder diese Position benötigt. Der Vorteil für den Kunden liegt darin, dass er nicht unbedingt selber daran denken muss sondern wie ihn einfach erinnern. Damit bauen wir ein Beziehungsnetzwerk auf, woraus der Kunde einen grossen Nutzen zieht. Wir haben demgegenüber den Vorteil, dass er in der Regel keinen Preisvergleich anstrebt, da er bisher immer bei uns gekauft hat und wir festgestellt haben, dass sein Vorrat langsam zur Neige gehen wird.

4.2.6 Qualifizierte Suche / Auswahl von Daten

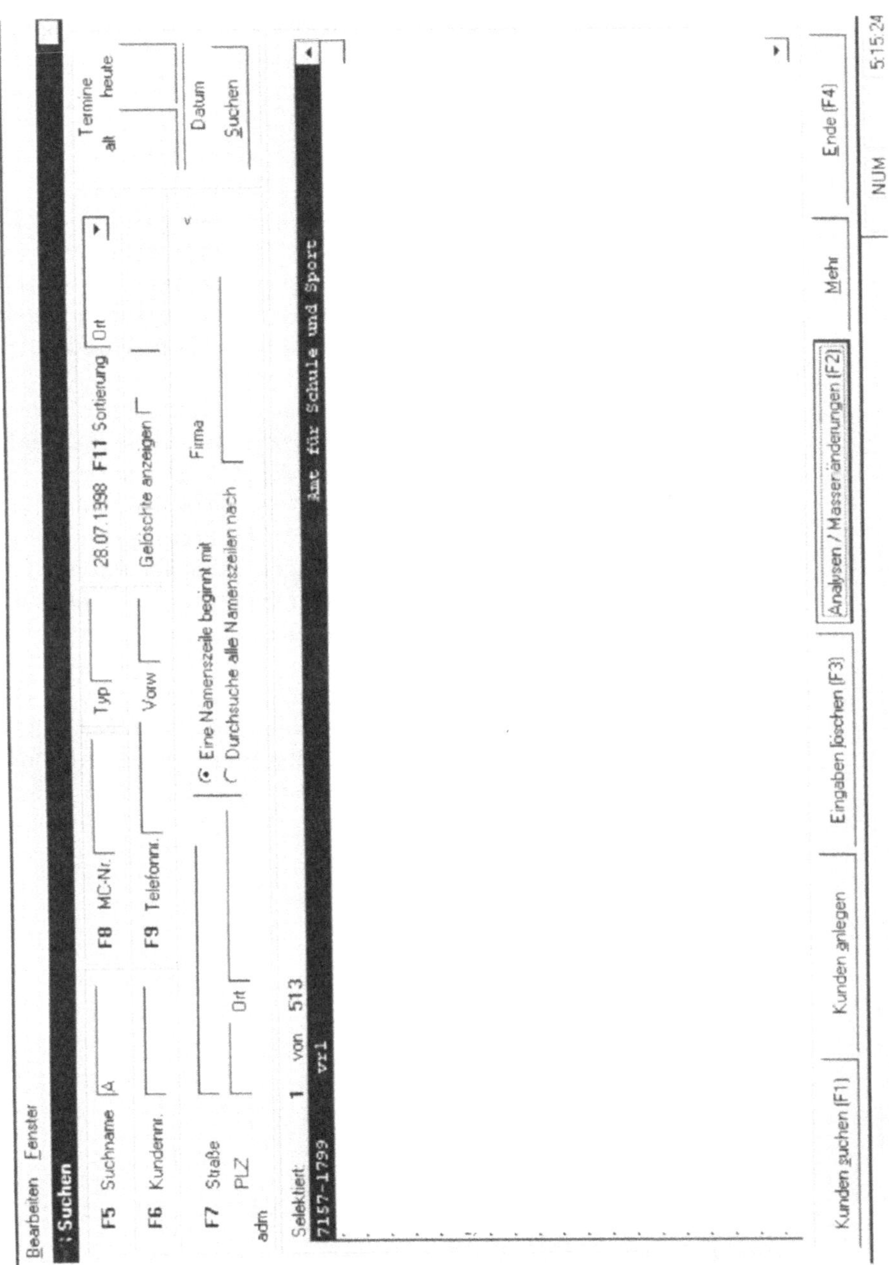

Abb. 4.2.6.1 Beispiele Software Systeme

Mittels des Suchschirms können wir alle Kunden nach relevanten Informationen durchsuchen. Durch Eingabe von Informationen oder Teilinformationen (Wortanfänge und so weiter.) in den einzelnen Feldern kann eine Suche auf bestimmte Kunden direkt eingegrenzt werden.

Dazu ein Beispiel:

Der Name des Ansprechpartners beginnt mit „M", Sitz der Firma ist der Ort „Düsseldorf" und die haben ein Produkt vom Typ „D". Mit diesen Eingaben erhalte ich selten mehr als zehn Treffer. Selbst in Grossstädten haben wir mit solchen Kombinationen recht erfolgreich den Datensatz schnell gefunden.

Wenn zum Beispiel der Anfang einer Telefonnummer bekannt ist, unter 781 wird man in der gesamten Datenbank wenige Kunden und Interessenten finden, deren Telefonnummer (ohne Vorwahl) so anfangen. Wissen wir dazu noch einen Ort oder gar eine Strasse, besteht die Auswahlliste in den meisten Fällen aus weniger als fünf Einträgen. Kennen wir nur eine Hausnummer, so ist das auch kein Problem. In Kombination mit einem anderen Feld ist auch hier eine recht geringe Auswahl angezeigt.

Suchkriterien werden in der Datenbank umgewandelt in Grossbuchstaben ohne Sonderzeichen und Leerzeichen. Durch die Konvertierung lassen sich selbst Ortsnamen wie „Düsseldorf" mit so einer Schreibweise wie „Duesse*" wiederfinden.

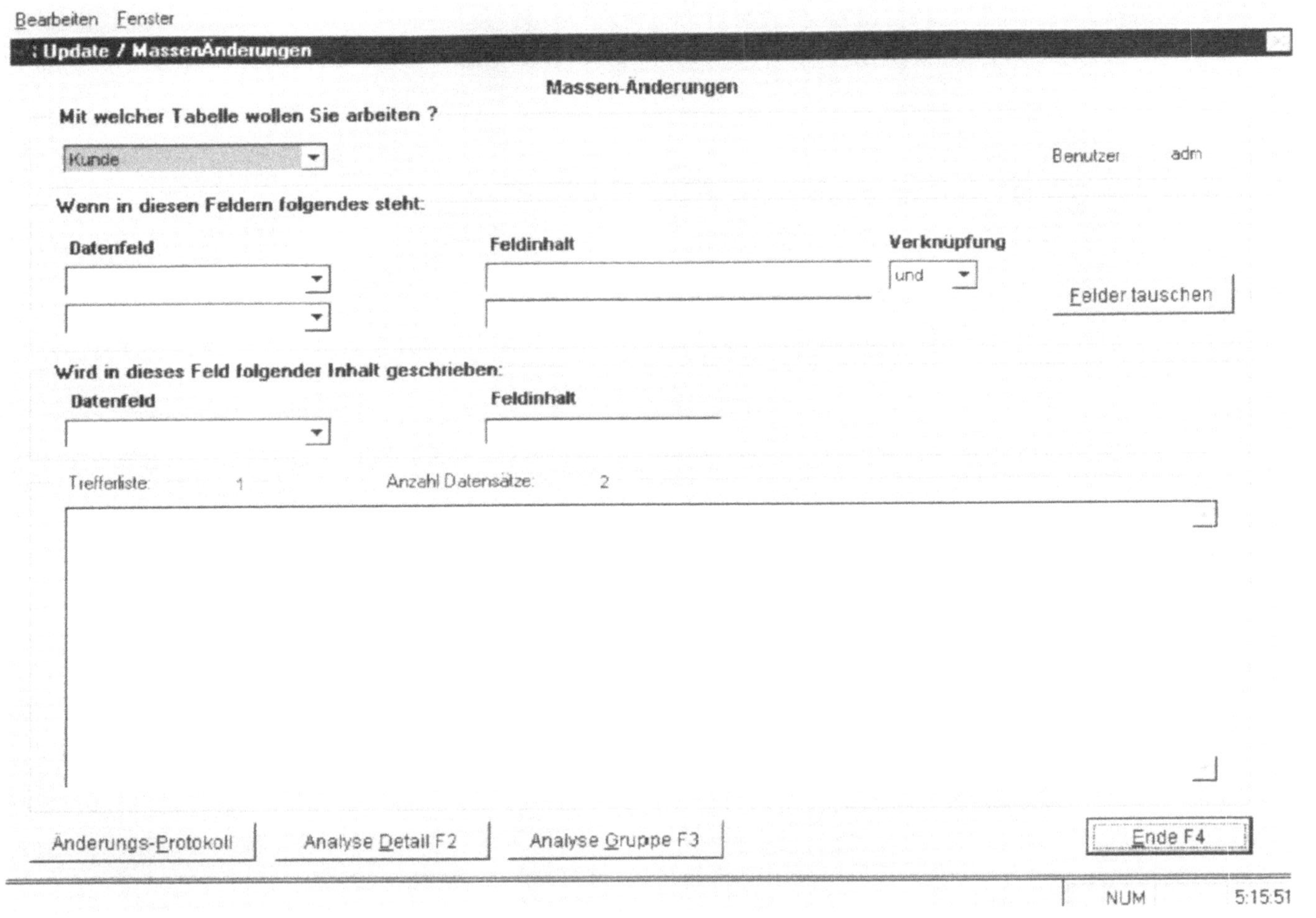

Abb. 4.2.6.2 Beispiele Software Systeme

Mit dem auf der linken Seite abgebildeten Schirm können einmal die Datenbestände statistisch analysiert werden und zum anderen können hier auch sogenannte Massendatenänderungen durchgeführt werden.

Die statistischen Möglichkeiten hatten wir schon weiter oben besprochen. Für die Massendatenänderung haben wir einige Beispiele:

Wir wollen aufgrund eines neuen Aussendienstmitarbeiters die Adressen neu zuordnen. Dafür haben wir ein Gebiet definiert, welches in diesem Fall aus verschiedenen Postleitzahlen besteht. Wir tragen zur Suche die entsprechenden Postleitzahlen ein und analysieren die erste Stufe. Dabei bekommen wir pro Postleitzahl die Anzahl der gefundenen Adressen angezeigt. Wollen wir eine Kontrolle durchführen, so markieren wir die Zeile mit den Gruppenergebnissen und führen eine Detailanalyse durch. Dabei bekommen wir nun eine entsprechende Adressenliste angezeigt. Danach können wir bestimmen, in welches Feld ein bestimmter Wert eingetragen werden soll.

Eine andere Möglichkeit besteht darin, dass wir eine bestimmte Gruppe von Unternehmen zu einer Veranstaltung einladen möchten. Hier können wir ganz gezielt ein Feld wie den Mailingcode auf einen Wert setzen. Somit können wir dann später einfach über Microsoft Query eine Abfrage auf die Adressen durchführen und direkt einen Serienbrief erstellen. Gleichzeitig können wir auch für jeden Kunden eine entsprechende Notiz generieren.

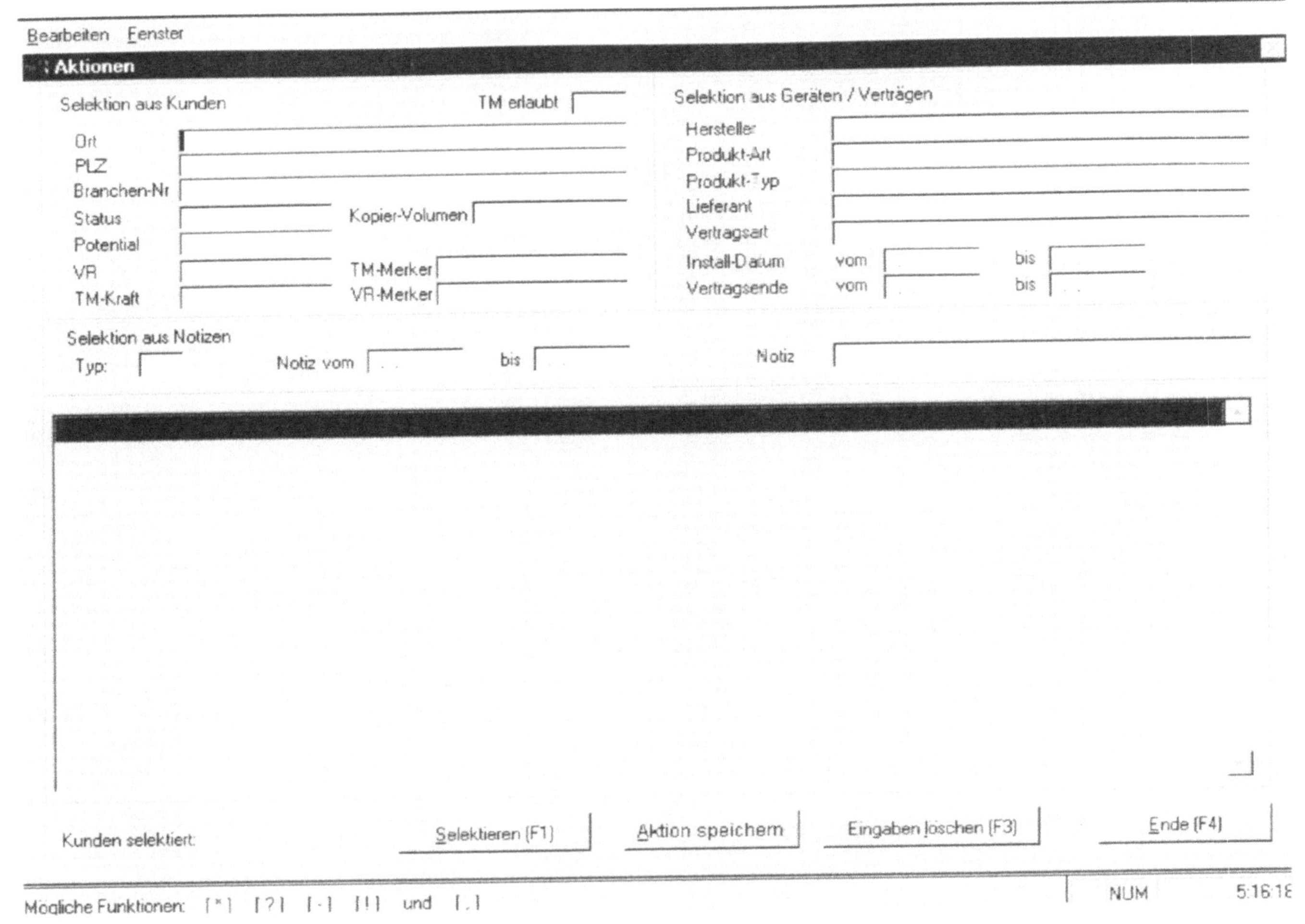

Abb. 4.2.6.3 Beispiele Software Systeme

Bei diesem Schirm können Daten für eine bestimmt Aktion selektiert werden.

Hier kann einmal ein Kriterium festgelegt werden und dann eine entsprechende Liste erzeugt werden. Diese Liste kann dann im Telemarketing abgearbeitet werden. Dies funktioniert im Regelfall so, Sie definieren die Selektionskriterien und geben diesen im System einen Namen. Unter diesen Namen kann dann später im Telemarketing eine Adressenliste aufgerufen und abgearbeitet werden. Dabei wird der Telemarketingschirm angezeigt, und durch Drücken der Schaltfläche „nächster" wird der nächste Kunde aus dieser Liste präsentiert. Dieses Verfahren hat sich in der Praxis als recht vorteilhaft dargestellt, da die Bedienung zu rund 98 % mit einer Bildschirmseite durchgeführt werden kann. Auch wird der Aufwand für Schulungen oder Ähnliches im Regelfall recht gering ausfallen.

Dieser Schirm eignet sich auch besonders für Telemarketing-Agenturen, die oft mit wechselndem Personal oder für besonders grosse Aktionen mit Aushilfen arbeiten.

4.2.7 TM - Report

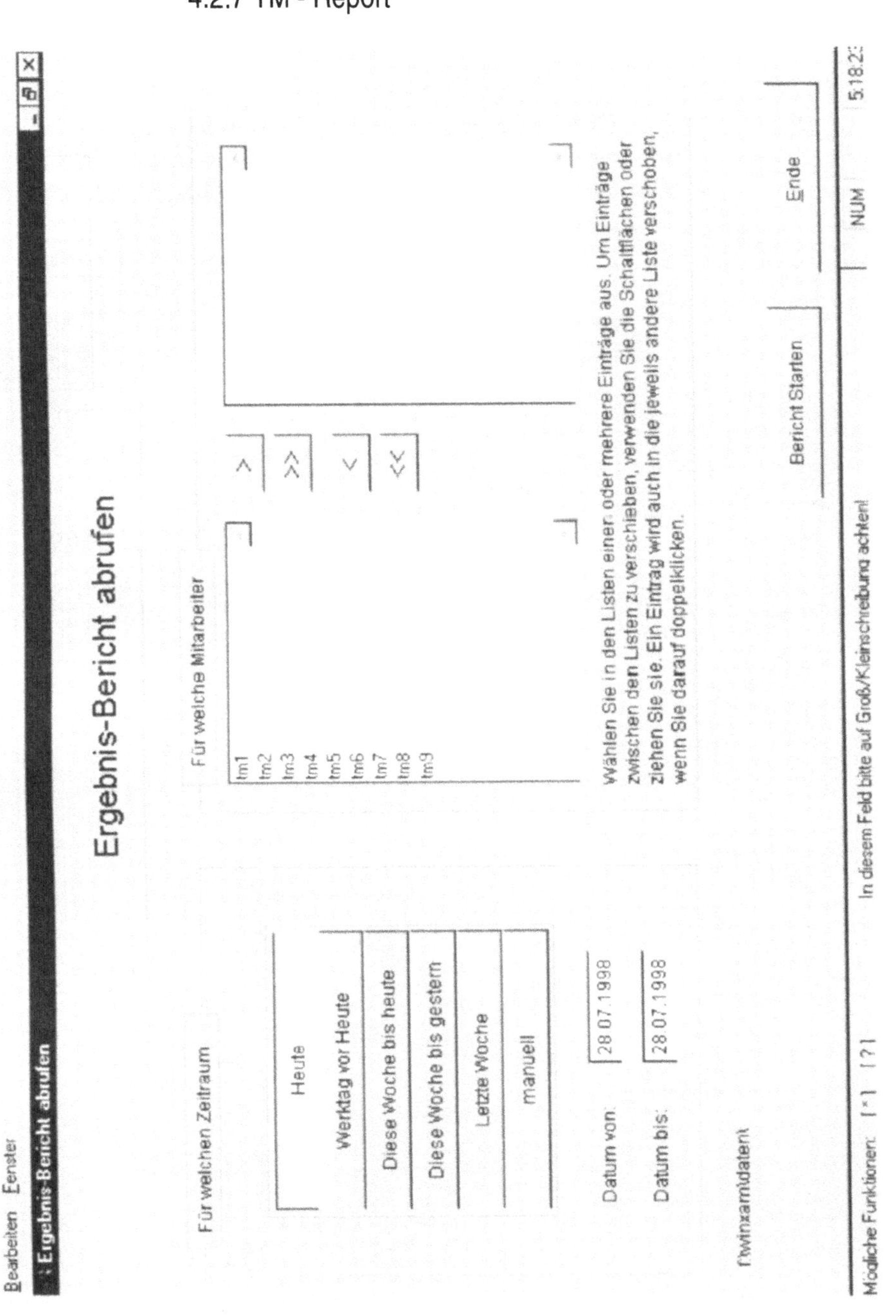

Abb. 4.2.7.1 Beispiele Software Systeme

Über diesen Schirm können die für den Aussendienst bestimmten relevanten Informationen und Ergebnisse des Telemarketing gedruckt werden.

Diese Berichte eignen sich auch als Nachweise für Telemarketing-Agenturen gegenüber den Kunden oder für die Vertriebsabteilung. Die Kontrollberichte sind statistische Berichte, die Auskunft geben über

- Anzahl Kontakte
- Wieviel Kontakte mit welchen Ergebnissen
- Mitarbeiter / Kontakte
- Mitarbeiter / Ergebnisse
- Hot Leads

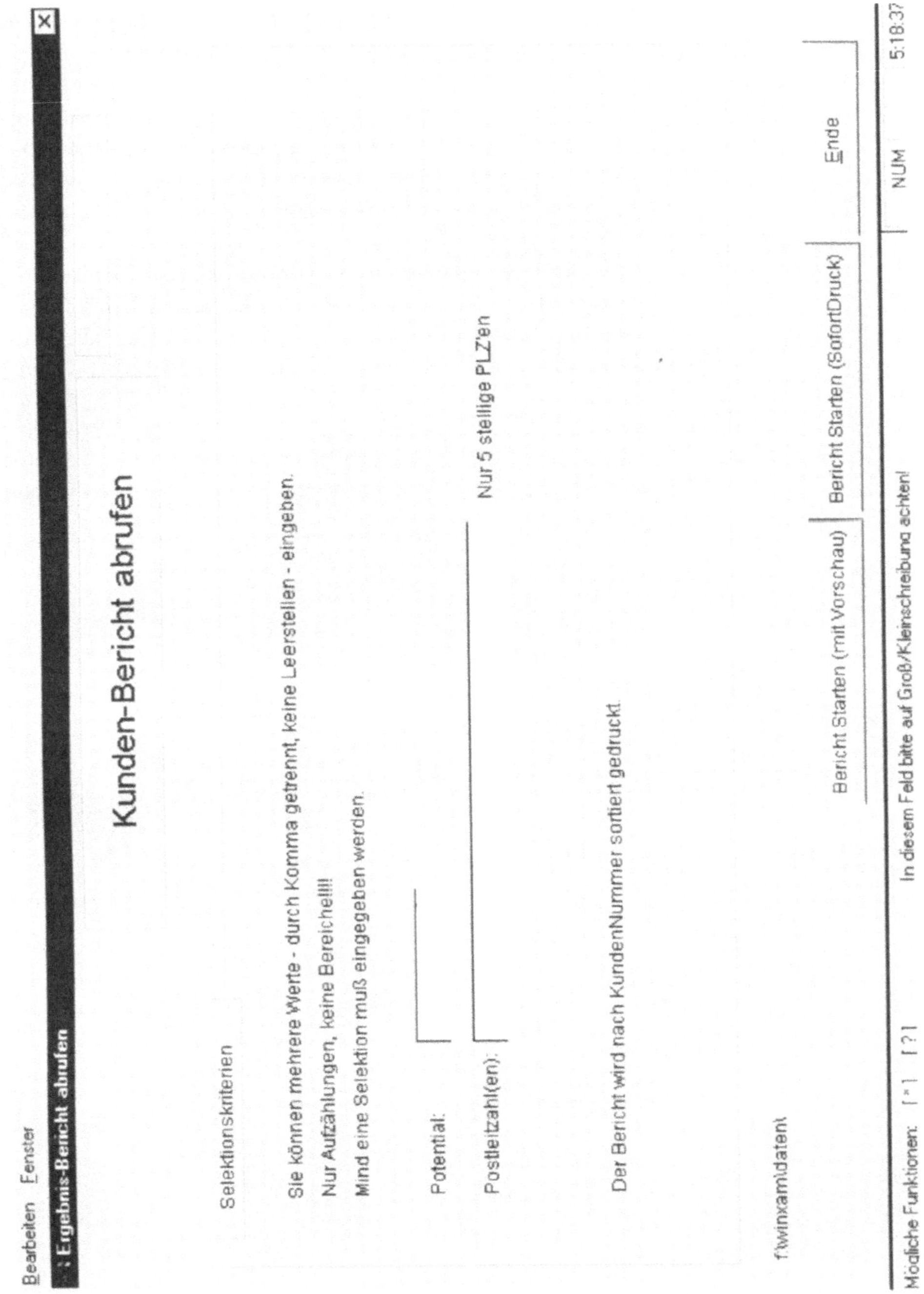

Abb. 4.2.7.2 Beispiele Software Systeme

Mittels der Funktion Kundenbericht können ausführliche Kundenberichte über eine Gruppe von Kunden gedruckt werden.

Die Selektionskriterien hierfür sind wie bei dem Aktionenschirm aufgebaut. Dies eignet sich besonders für Berichte über Neukunden oder über Informationen für den Aussendienst, um diesen auf seinen Besuch vorzubereiten.

Da auf Bedarf das Telemarketing Termine für den Aussendienst erstellt, müssen diese Informationen dem Aussendienst mitgeteilt werden. Dabei sind auch die Notizen wichtig. Man kann daraus erkennen, wie der Termin zustande kam und so weiter.

Auf den nächsten Seiten werden wir noch die Warenwirtschaftssoftware betrachten. Durch Knopfdruck können sich Telemarketingkraft und Teleseller direkt alle für sie relevanten Informationen beschaffen.

4.2.8 Verknüpfung Warenwirtschaft

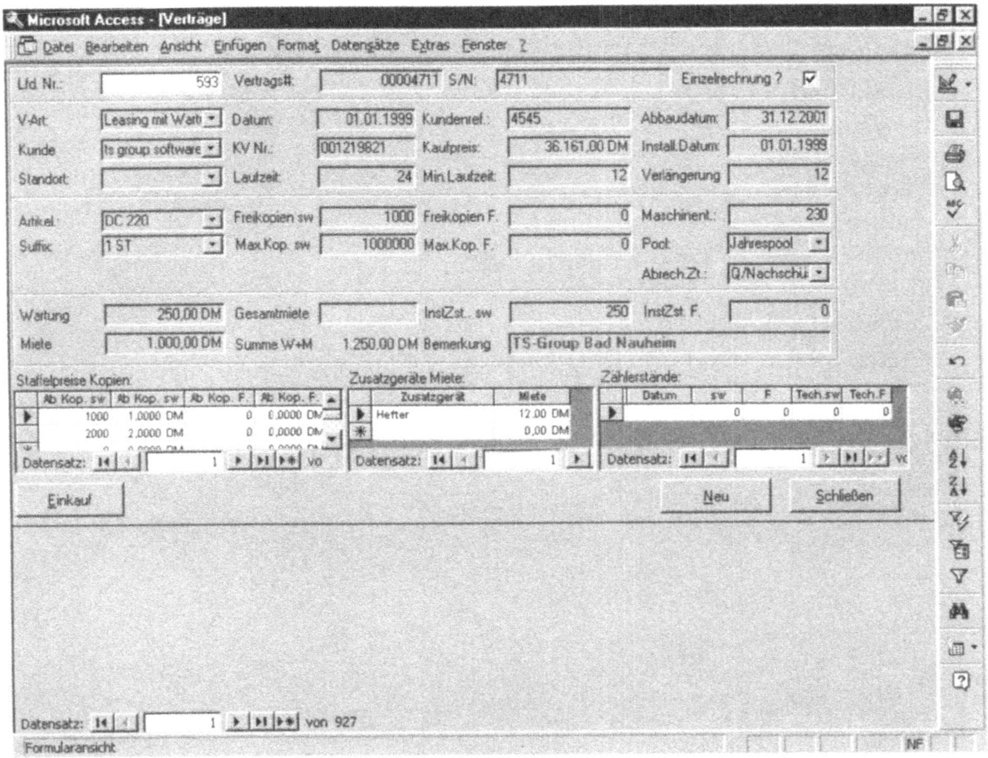

Abb. 4.2.8.1 Beispiele Software Systeme

Auf dieser Bildschirmseite können alle Informationen über einen Vertrag eingesehen werden. Dies ermöglicht es einem Teleseller auch, ein System mit einem neuen auf gleicher Konditionsbasis abzulösen.

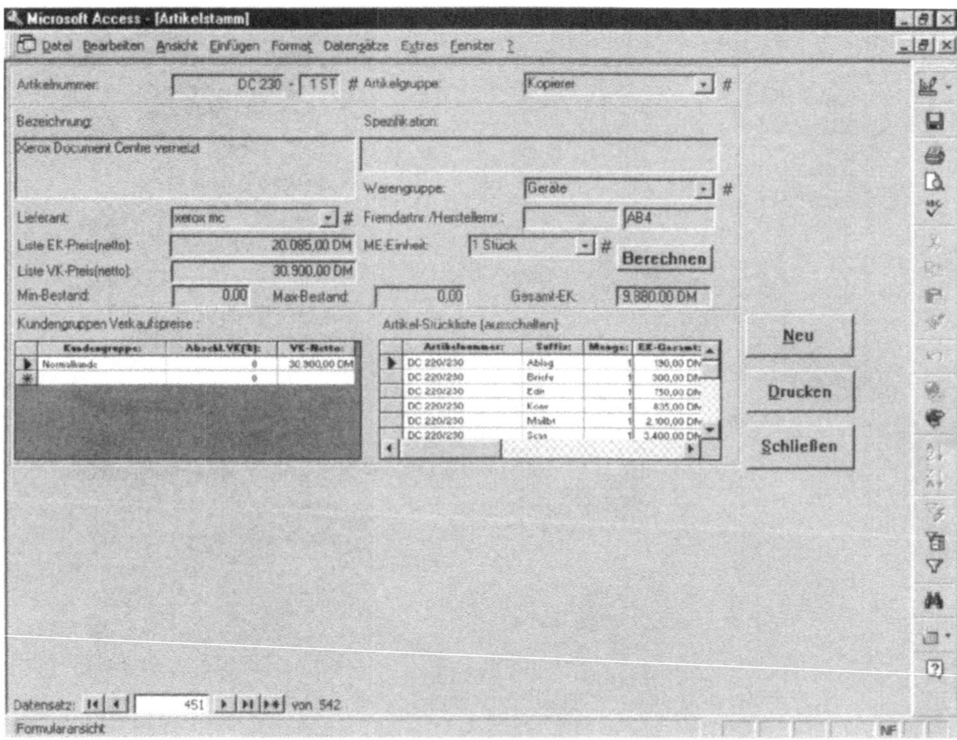

Abb. 4.2.8.2 Beispiele Software Systeme

Über die Artikelstammfunktion kann eine komplette Liste aller verfügbaren Zubehörteile abgerufen und mit dem Konditionsschema eines Kunden versehen werden.

Der Teleseller kann dem Kunden auf einfache Art jedes vefügbare Zubehör nennen und anbieten. Möglichkeiten der Kombinationen und Rücknahme von Teilen sind ebenfalls mit Konditionen abrufbar.

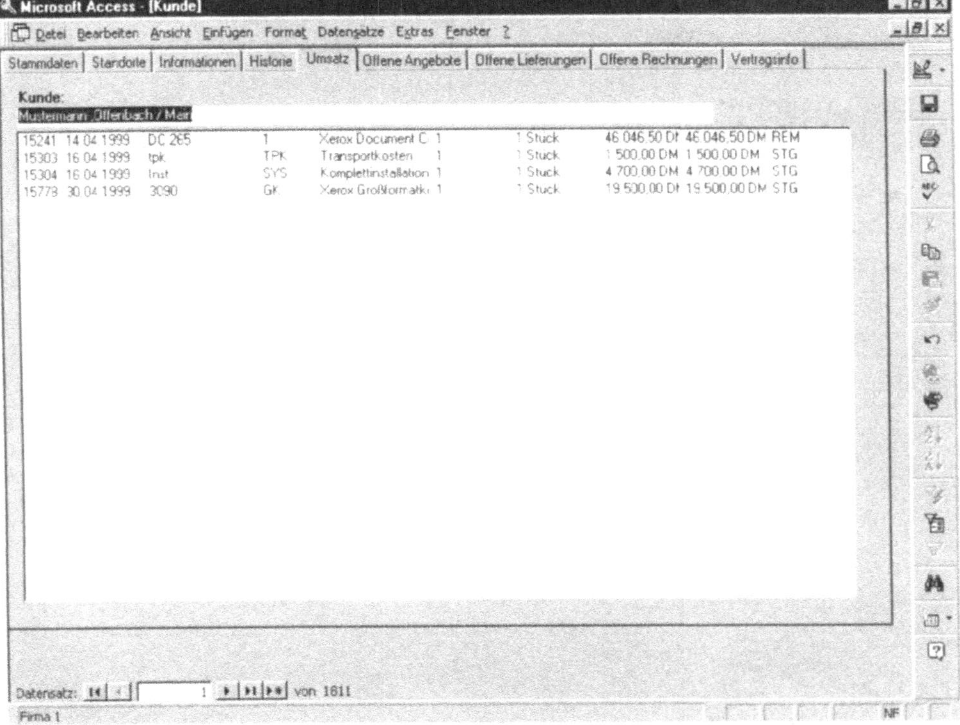

Abb. 4.2.8.3 Beispiele Software Systeme

Für Konditionsverhandlungen am Telefon kann der gesamte Umsatz des Kunden abgerufen werden. Hieraus können auch Produktabsätze und Einbrüche respektive das Ausbleiben von Bestellungen eines bestimmten Produktes erkannt und am Telefon besprochen werden.

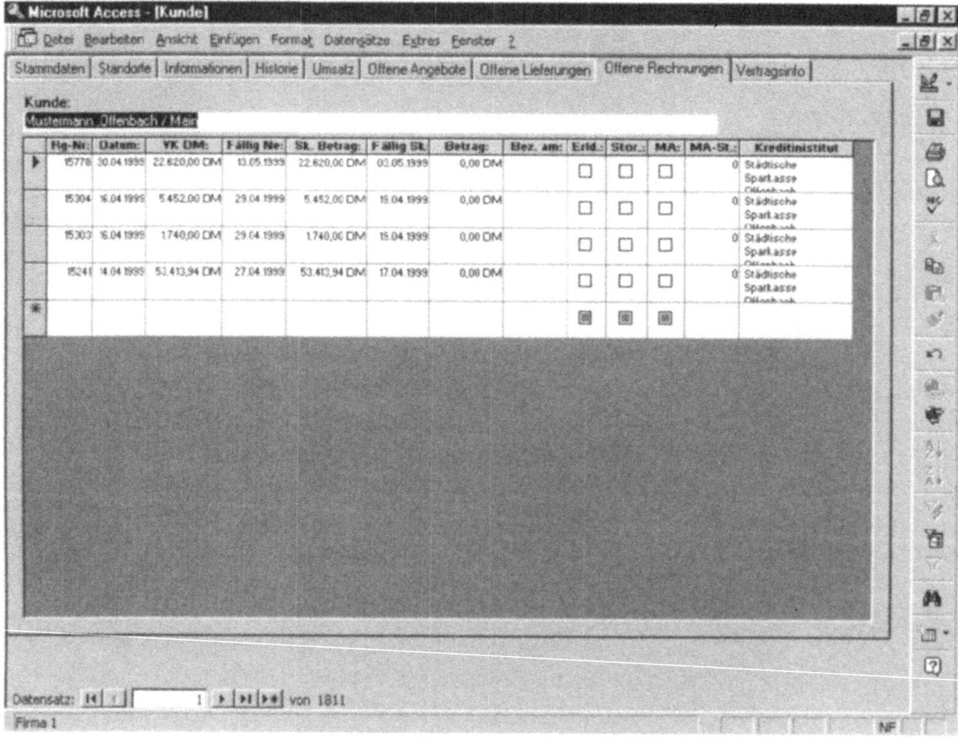

Abb. 4.2.8.4 Beispiele Software Systeme

Ebenso kann über gegebenenfalls offene Rechnungen mit dem Kunden gesprochen werden. Somit arbeiten Telemarketing und Teleselling Hand in Hand mit der Buchhaltung.

Eine integrierte Lösung für alle Probleme gibt es nicht. Aber die mögliche Informationsflut über einen Kunden ist jedoch mit solchen Programmen schon so gross, dass nur noch wenige Wünsche offen bleiben.

5.1 Praxis des Telemarketings

In dem nachfolgenden Kapitel wollen wir die Praxis des Telemarketings beschreiben. Wir haben während unserer Untersuchung verschiedene Organisationsstrukturen in den Unternehmen kennengelernt und die Vorteile und Nachteile gesehen.

Vom klassischen Organisationsprinzip ausgehende Abteilungshierarchien über Teambildung bis hin zum Outsourcing.

Wie eigentlich nicht anders vermutet, sind mit dieser Problemstellung klassische Strukturen überfordert. Scheuklappendenkende Abteilungen und Profitorientierungen innerhalb von Unternehmen zerstören den Ansatz einer einheitlichen Problemlösung. Absatz geht letztlich jeden einzelnen Mitarbeiter des Unternehmens etwas an.

Viele Unternehmen haben den Vertrieb und das Marketing schon als einen Bereich zusammengefasst. Bei Telemarketing und Teleselling entsteht aber eine Form, die nicht in die klassische Vertriebsstruktur und in das klassische Marketing passt. In der Regel wird unter Marketing die kreative Arbeit verstanden und Vertrieb ist nur das, was auf der Strasse passiert und was dem Unternehmen Umsatz bringt.

Telemarketing ist jedoch eine Vertriebsunterstützungsmassnahme, um in Zukunft mehr Geschäft zu generieren als bisher. Wir haben leider in Unternehmen den guten Ansatz verlieren sehen, da es hier nicht gelungen ist, dem Vertrieb den Nutzen für die Zukunft dieser Arbeit zu erklären. Akzeptanz der Mitarbeiter untereinander und Teambildung spielen hierbei eine grosse Rolle.

Die beste Struktur die wir feststellen konnten, ist die, dass das Telemarketing dem Vertrieb zugeordnet wird und der Vertieb aufgeteilt wird. Mindestens zwei Aussendienstmitarbeiter werden einer Telemarketingkraft zugeordnet. Das Vertriebsgebiet wird gemeinsam bearbeitet und auch eine Provisionsregelung sollte für den Fall von HotLeads oder Auftragsanbahnung getroffen werden.

Dazu kann auch ein Team gebildet werden, in dem Teleseller auch dem Vertrieb zugeordnet werden. Ein Kunde unseres Unternehmens hat die gesamten Probleme erfolgreich gelöst.

Ausgehend von dem Vertrieb, der nur aus Aussendienstmitarbeitern besteht, wurde diese Abteilung umorganisiert, so dass letztendlich das Telemarketing zu einer Agentur ausgelagert wurde. Die Vertriebsdatenbank wird in regelmässigen Abständen abgeglichen.

Dem Vertriebsteam wurde je Vertriebsgebiet ein Teleseller zugeordnet. Hauptaufgabe der Teleseller ist es, Zubehör und kleinere Systeme zu vermarkten. Die Provisionsanteile der Teleseller wurden wie folgt aufgegliedert:

- Der Mitarbeiter, der den Vertrag gemacht hat, bekommt 90 % der Provision
- 10 % der Provision bekommen die Teammitarbeiter zu gleichen Teilen aufgeteilt
- Hat ein Mitarbeiter mitgewirkt, so bekommt dieser weitere 10 % Provision. Der Mitarbeiter, der den Vertrag gemacht hat, hingegen nur noch 80 %

Somit sitzt das gesamte Team bei jedem Geschäft mit der Provision in einem Boot. Dabei entsteht eine sehr enge und gute Zusammenarbeit. Für jeden Mitarbeiter ist die Zusammenarbeit am Monatsende in DM-Beträgen sichtbar.

Der Erfolg dieses Unternehmens wurde in dem ersten Jahr nach der Einführung gesteigert. Zuwachszahlen in der Grössenordnung von 10 % - 20 % sind normal.

Sollte das Telemarketing nicht ausgelagert werden, so ist dieses im Vertrieb anzusiedeln. Eine Provisionsregelung dafür ist ebenfalls sinnvoll. Wobei die besten Erfahrungen mit der Provisionsregelung wie folgt aussehen:

- HotLead 50,00 DM für die Telemarketingkraft
- HotLead mit Abschluss 150,00 DM für die Telemarketingkraft

Die oben genannten Regelungen für Vertrieb und Teleselling sollten beibehalten werden. Sollten im Telemarketing keine Hotleads erzeugt werden können, so sollte das Telemarketing aktionsorientiert verprovisoniert werden. Zahlen zwischen 1 % - 3 % sind denkbar.

Unter Telemarketing als Vertriebsunterstützung verstehen wir die nachfolgend aufgezeichnete Struktur·

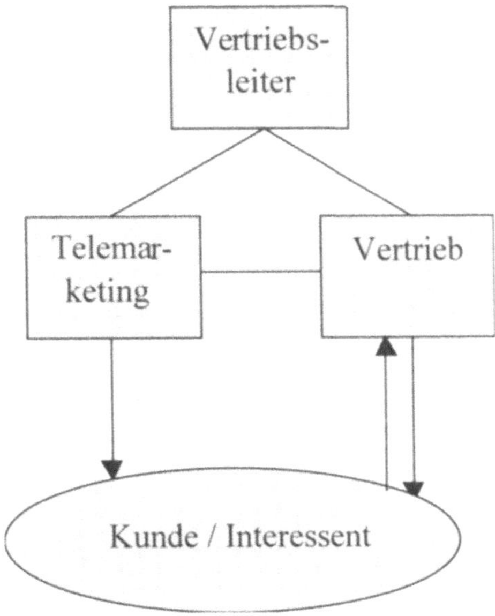

Abb. 5.1.1 Praxis des Telemarketing

In diesem Beispiel sehen wir, dass die Kontakte vom Kunden respektive vom Interessenten direkt zum Vertriebsmitarbeiter gehen. Das Telemarketing erhält von dem Vertriebsleiter die Angaben zum Telefonieren und meldet Lead's entsprechend an den zuständigen Vertriebsmitarbeiter. Dieser wiederum kommuniziert mit den entsprechenden Kunden oder Interessenten und vereinbart, falls dieses noch nicht durch das Telemarketing vorgenommen wurde, einen Termin mit dem Unternehmen.

Dieses System hat jedoch auch einige Schwachstellen. Als grösste wäre die der Motivation der Telemarketingmitarbeiter zu nennen. Ein Vertriebsmitarbeiter bekommt i.d.R. eine Provision für die abgeschlossenen Geschäfte, der Telemarketingmitarbeiter nicht. Hier haben wir das Problem, dass die Qualität der Arbeit durch Unstimmigkeiten in den Unternehmen nachlässt. Tritt dieses auf, kann das Telemarketing i.d.R. mehr Schaden anrichten als das es Gutes ergibt.

5.2 Telemarketing Outsourcing

Viele Unternehmen bieten heute Telemarketing im Outsourcingverfahren an. Hier müssen jedoch Regeln aufgestellt werden, wie mit Telemarketing - Agenturen zusammengearbeitet werden kann. Vergleiche dazu auch „Böse/Flieger, Call Center, Vieweg Verlag 1999, Seite 245".

Folgende Möglichkeiten haben wir:

- Validierungsauslagerung
- Aktionsauslagerung
- Permanente Auslagerung

Bei der Validierungsauslagerung werden Adressenbestände, zumeist neu erworbene, einer Agentur zur Überarbeitung überlassen.

Der Arbeitsablauf geht dabei wie folgt vor sich. Wir erstellen eine Liste mit den zu validierenden Adressen (oder einen Datenträger) und stellen diesen der Agentur zur Verfügung. Nach der Validierung erhalten wir diese Liste oder diesen Datenträger entsprechend korrigiert zurück. Den Ablauf dabei können wir dem nachfolgenden Schaubild entnehmen.

Dabei ist darauf zu achten, dass während der Validierung durch eine externe Agentur die Daten im Unternehmen nicht verändert werden dürfen, da es sonst zu Überschneidungen im Datenbestand kommen kann. Dieses hat dann in der Regel ungewollte Auswirkungen und zumeist geht dabei eine Änderung verloren (entweder die vom Unternehmen und die der Agentur).

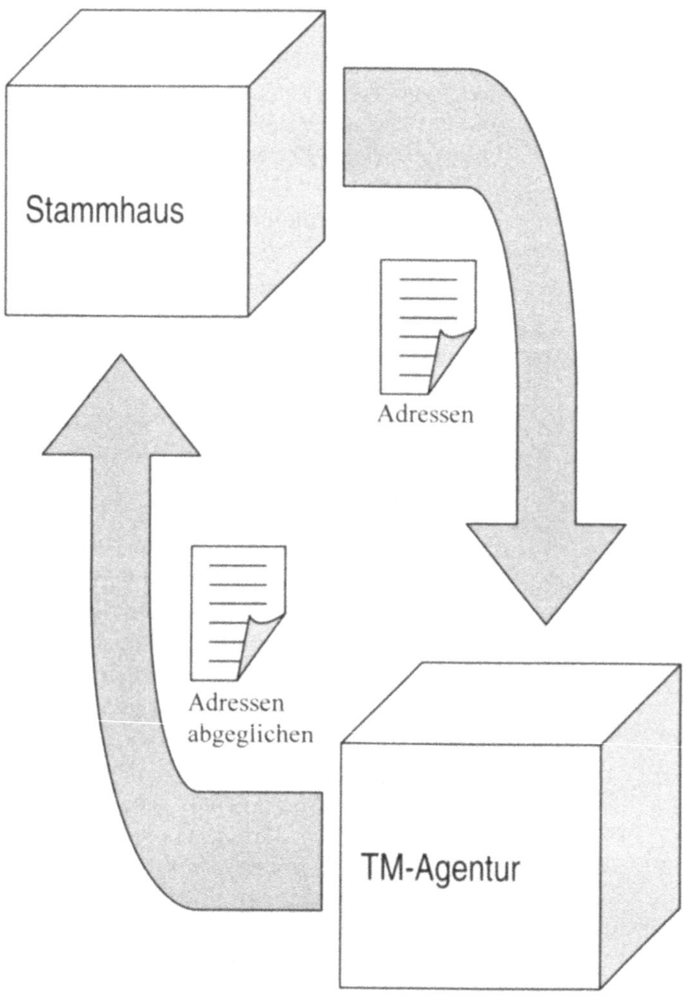

Abb. 5.2.1 Telemarketing Outsourcing

Hingegen zu dem ersten Verfahren bedienen wir uns bei einem Aktionsoutsourcing einer anderen Methode. Nehmen wir als Beispiel, dass wir rund 1000 Firmen eine Messekarte für die CeBIT geschenkt haben. Wir wollen nun mit möglichst vielen Firmen einen Termin abstimmen. Die ersten Rückläufer erhalten wir per Post, Telefax oder Telefon. Nachdem die erste Welle der Rückläufer vorbei ist, haben wir noch einen Rest von 800 Kunden und Interessenten, die keinen Termin vereinbart haben. Diese wollen wir nun telefonisch kontaktieren und nach einem geplanten Termin fragen.

Meisten reichen für solche Telefonaktionen die eigenen Ressourcen nicht aus und wir müssen uns entweder der Aushilfen bedienen oder aber dieses zu einer Agentur auslagern. Der Vorteil einer Agentur liegt dabei klar auf der Hand. Die Agentur hat mit solchen Aktionen wesentlich mehr Erfahrung und dafür auch ein besonders ausgebildetes Personal. Die erreichte Qualität bei Agenturen liegt in der Regel bei über 50 % der Qualität, die wir als Unternehmen mit Aushilfen erreichen können.

In diesem Fall werden von der Agentur keine Adressen oder andere Daten verändert, sondern nur Termine vereinbart. Einem Rückupdate auf DV-technischen Wegen steht nichts im Wege. Sollte es keine DV-technischen Möglichkeiten geben, so wird eine einfache Terminliste von der Agentur übergeben.

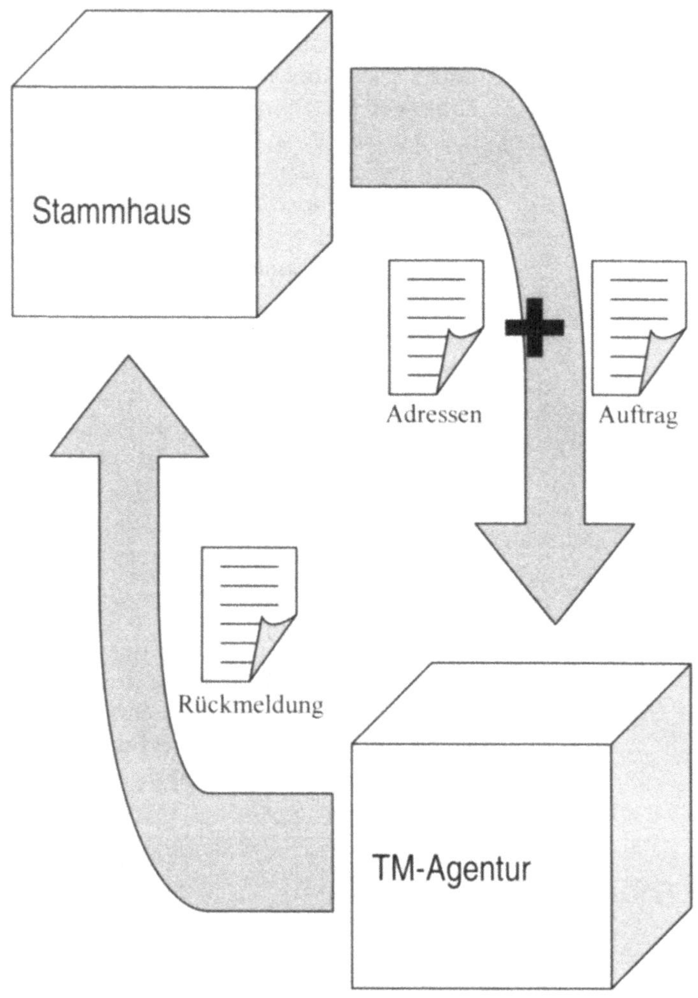

Abb. 5.2.2   Telemarketing Outsourcing

Die letzte und damit auch DV-technisch schwierigste Lösung ist das permanente Outsourcing. Hier werden die Daten der Datenbank sowohl von dem Vertriebsinnendienst wie Vertriebsaussendienst im Unternehmen gepflegt. Die Änderungen des Telemarketings werden bei der Agentur gepflegt.

Diese Möglichkeit erfordert eine gezielte Update-Möglichkeit. Die bisher dafür beste Lösung ist der feldweise Datenabgleich. Im Normalfall werden bei einem Datenaustausch ganze Datensätze überschrieben. Ein Datensatz in einer Datenbank repräsentiert einen Kunden. Wird eine an dem Kunden gespeicherte Information von zwei Seiten geändert, muss eine Entscheidung getroffen werden, welche Änderung hier verworfen wird. Bei einem feldweisen Update werden nicht ganze Datensätze überschrieben, sondern nur die geänderten Felder. Das bedeutet, die TM-Agentur hat das Feld Strasse geändert und das Unternehmen hat die Telefonnummer geändert, sind beide Änderungen nach einem Update zusammengeführt.

Doch auch diese Methode wirft Probleme auf. Betrachten wir einmal die Telefonnummer eines Ansprechpartners, und nehmen einen durchaus typischen Fall der Wirtschaft. Ein Mitarbeiter des Kunden oder Interessenten wurde befördert. Er bekommt eine neue Telefondurchwahlnummer. Ein anderer Mitarbeiter hat seine alte Telefonnummer übernommen. Gehen wir davon aus, dass bei der Agentur der Name des Ansprechpartners geändert wurde (an diesem Datensatz), und dass das Unternehmen die Telefonnummer geändert hat. Spielen wir nun den feldweisen Update ein, übernehmen wir die Namensänderung der Agentur und haben danach für diesen Ansprechpartner eine falsche Telefonnummer. Diese Probleme können nur mit sehr viel Aufwand gelöst werden. Eine andere Methode zur Lösung solcher Probleme ist es, eine Verfahrensanweisung herauszugeben. Diese könnte zum Beispiel lauten, dass keine Ansprechpartnernamen geändert werden dürfen. Alte sind auf inaktiv zu stellen, neue sind neu zu erfassen. Dabei würde dieses Problem dann nicht auftreten.

Aber auch Updates öfters auszuführen hilft oft bei solchen Fehlern. Dass am gleichen Tag so etwas passiert, ist wesentlich unwahrscheinlicher als in einem Monat. Hier ist ein guter Mittelweg gefragt. Ausschlaggebend dafür ist die Datenmenge und die Anzahl der Mitarbeiter, die den Datenbestand ändern.

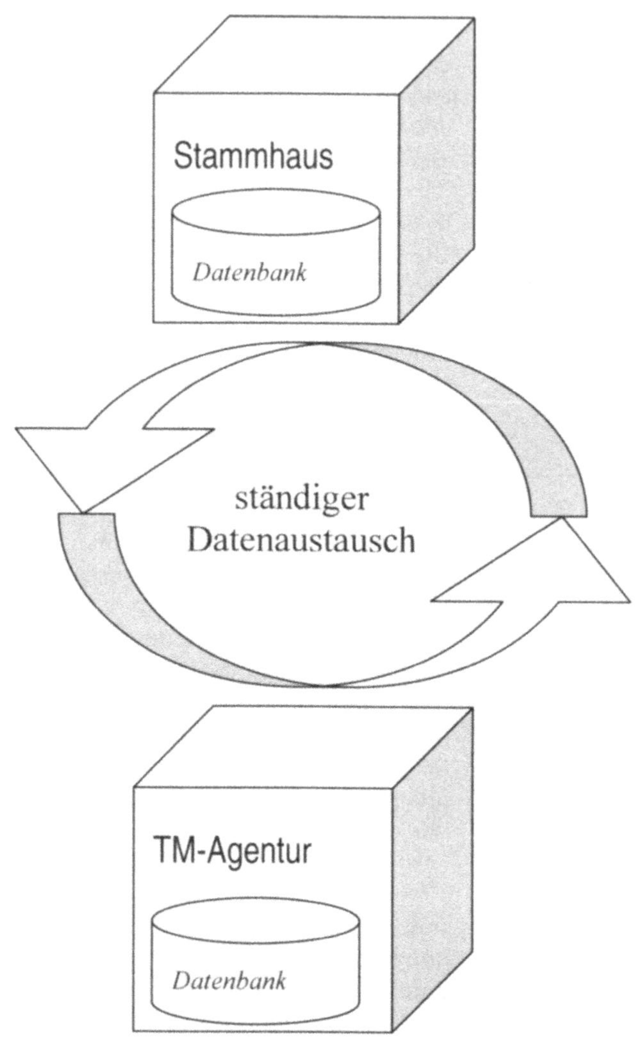

Abb. 5.2.3 Telemarketing Outsourcing

Abschließend sei Angemerkt, das es viele Software-Systeme gibt. Die Auswahl in den Projekten wird auf die Sonderfunktionen sowie die Möglichkeiten der Abbildung spezifischer Daten fallen. Hier sollten Sie besonderes Augenmerk auf die Flexibilität der Zusatzinformationen haben. Nur dann, wenn Sie gezielt in einem Feld einen fachlichen Inhalt speichern können, können Sie eine saubere Auswertung erstellen. Schreiben Sie in einem Feld mehrere fachlich verschiedene Informationen rein, sind diese in der Regel nicht mehr selektierbar.

6.1 Videokonferenzsysteme

Unter Videokonferenzsystemen werden nicht nur Systeme verstanden, bei denen man mittels Computer, Videokamera und einer ISDN-Karte nicht zu Konferenzen reisen muss, sondern ganz ruhig von zu Hause aus daran teilnehmen kann.

Videokonferenzsysteme sind heute das Schlagwort für computergestützte Bildtelefonsysteme. Da sich das Bildtelefon der 80er Jahre von der Telekom nicht im allgemeinen Markt durchgesetzt hat, werden wir jedoch schon bald von einer Schwemme überrascht werden. Die heutigen PC-Systeme sind leistungsstark genug und die fast schon normale Ausstattung beinhaltet heute auch ein Modem oder gar eine ISDN-Karte.

Der Kostenaufwand für ein Videokonferenzsystem liegt nun bei ca. DM 1.000,00. Diese Systeme werden schon bald das Telefon revolutionieren und die bisherigen Telefone ablösen.

Diese PC-Bildtelefone werden im Vertrieb eine neue Art des Verkaufens und der Techniken heraufbeschwören. Die Vorteile eines Face-to-Face-Verkäufers mittels Mimik, Auftreten und Ausdrucksstärke können hier nun auch ohne einen direkten Besuch erfolgen. Da wir bei so einem Gespräch nun auch den anderen sehen und ihn mit der gewohnten Körpersprache überzeugen können, müssen wir etwas umdenken. Die Körpersprache erfolgt hier nicht mit dem gesamten Körper und der Körperhaltung, sondern nur mit einem Ausschnitt des Sprechers. Der Ausschnitt umfasst je nach Einstellung die Schulter bis hin zum Kopf. Da das Bild auf dem Monitor etwas kleiner ist wie die Lebensgrösse, müssen wir die Einstellungen so vorgeben, dass zumindest die Gesichtsmimik klar erkennbar ist.

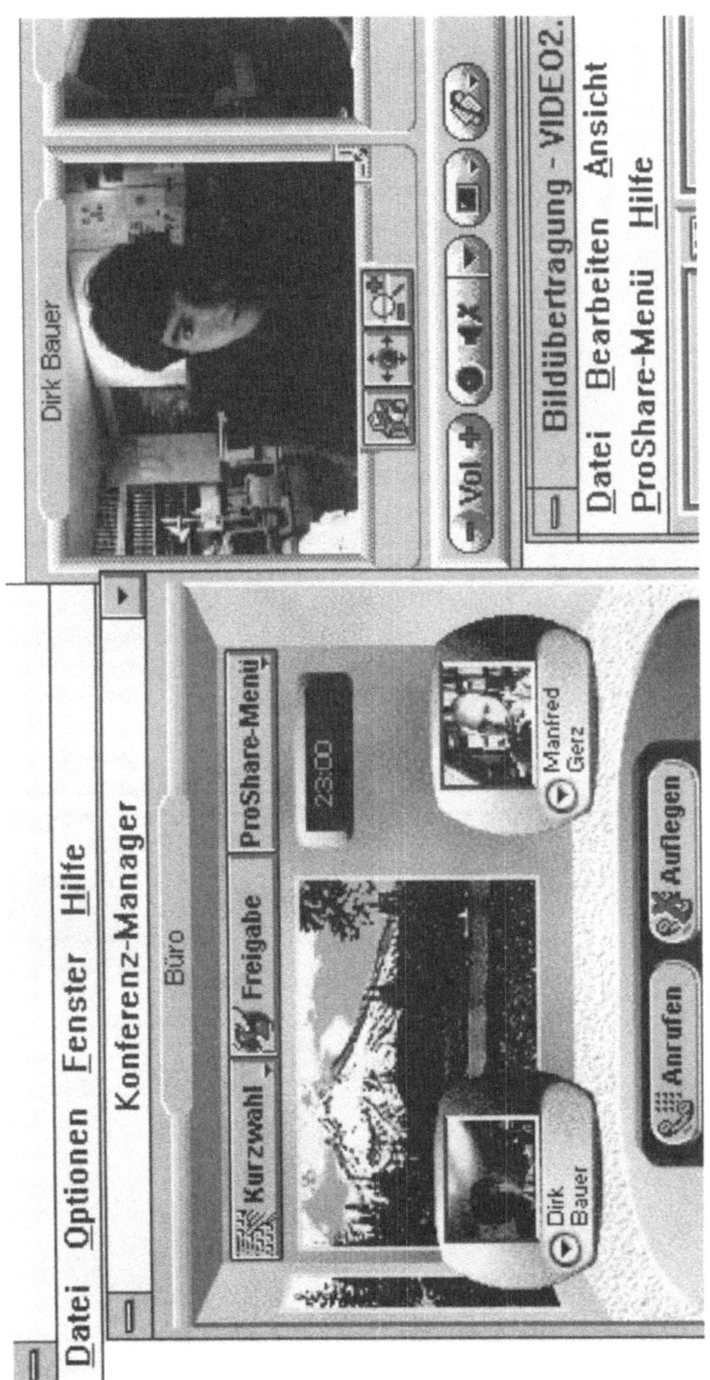

Abb. 6.1.1 Videokonferenzsysteme

Das auf der linken Seite liegende Bild zeigt, wie gross diese Ausschnitte sind.

Durch die Standardisierung der Videokonferenz mit dem Standard H.320 und der Einführung des Euro-ISDN ist eine Internationale Bildtelefonverbindung möglich. Viele grosse Unternehmen, wie zum Beispiel Siemens, BMW und Intel, haben diese Systeme schon im Einsatz. Auch bieten Hotels schon Videokonferenzsysteme in Seminarräumen an. Sogar Vorträge wurden schon übertragen.

Auch wird sich mit diesen Systemen das Vertriebsdenken grundsätzlich wandeln. Techniken ermöglichen es schon heute, dass während dieser Konferenz Präsentationen eingespielt werden, wie sie sonst nur über LCD-Projektoren an die Leinwand geworfen werden, oder gar ganze Videofilme können dargestellt werden. Die Systeme bergen hier innovative Chancen für den Vertrieb.

Selbst das Hinterlassen von Visitenkarten oder Prospekten ist heute kein Problem mehr. Betrachten wir das unten abgebildete Bild, so erkennen wir, dass Dateien übertragen wurden.

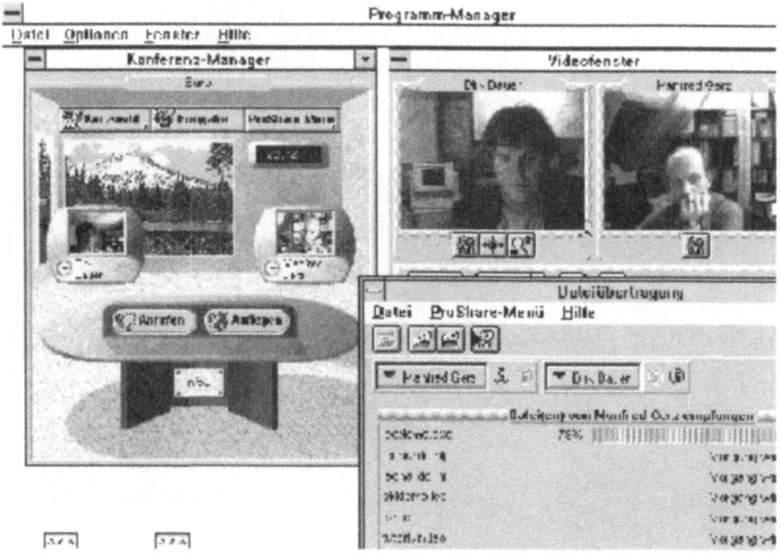

Abb. 6.1.2 Videokonferenzsysteme

Selbst Mindmaps können Online während eines Gespräches erstellt werden. Die Möglichkeiten hierfür sind nahezu grenzenlos.

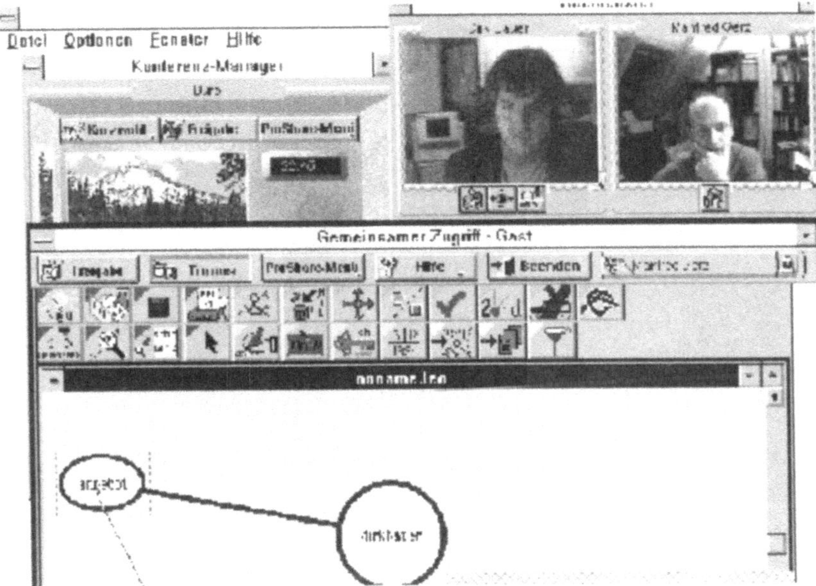

Abb. 6.1.3 Videokonferenzsysteme

Eine weitere Entwicklung, die das Bildtelefon vorantreiben wird, ist die Entwicklung des Internets in Zusammenhang mit Video OnDemand. Hier können über das Internet Videofilme angesehen werden. Es gibt schon heute Möglichkeiten, Bildtelefone über das Internet zu betreiben. Eine Möglichkeit dafür biete die Microsoft Software NetMeeting. Diese Software verbindet zwei oder mehrere Stationen im Internet mit Sprach- und Datendiensten.

Wenn Unternehmen sich auf diese neue Form des Marketings und Vertriebs einstellen und frühzeitig den Markt entsprechend bearbeiten, werden sie einen Wettbewerbsvorteil haben, der für einige Jahre erhalten bleiben wird.

Einige Unternehmen bieten sogar Videos von Hauptversammlungen zum download oder Betrachten im Internet an. Diese Videos können von jedem User benutzt werden, um sich ein entsprechendes Bild vom Unternehmen zu machen.

Abb. 6.1.4 Videokonferenzsysteme

6.2 Internet-Usegroups und Informationen

Zur Kundenbindung gehört heute nicht nur ein Internetauftritt, sondern auch eine sogenannte geschlossene Benutzergruppe (engl. Use Group). In den geschlossenen Benutzergruppen können zwischen Kunden und Unternehmen Daten in Form von

- allgemeinen Informationen
- Anfragen
- Angeboten
- Bestellungen
- Tips & Tricks

übermittelt werden. Geschlossene Benutzergruppen haben den Vorteil, dass nur autorisierte Benutzer diese Daten einsehen können. So ist dieses zweckmässig bei Distributoren, die ihre Waren ausschliesslich an den Fachhandel vertreiben. Somit sind zum Beispiel die Einkaufskonditionen vor dem Endverbraucher geschützt.

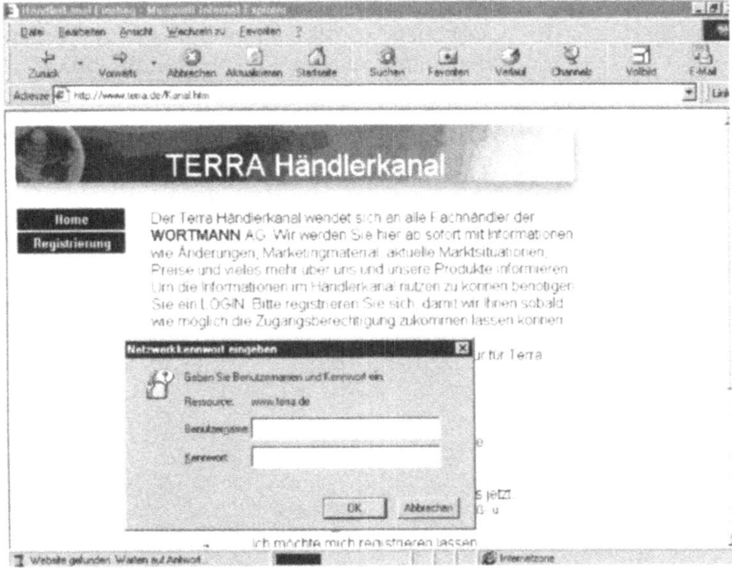

Abb. 6.2.1 Internet Usegroups und Informationen

Sollte es sich um einen Direktversender handeln, sind geschlossene Gruppen nicht besonders gut. Hier geht es darum, direkt bestellen zu können. Dabei sollte das Electronic-Cash System die Sicherstellung der Bezahlung vornehmen. Viele Unternehmen und auch Banken bieten in diesem Zusammenhang Systeme an, die Kreditkartenprüfung und EC-Kartenprüfung vornehmen. Dabei kann nach Eingang einer autorisierten Bestellung direkt ein Versand erfolgen. Weitere Möglichkeiten gibt es hier, um Daten für das Database-Marketing zu erheben. Die Möglichkeiten bestehen aus Formblättern, die zwingend ausgefüllt werden müssen, um eine Bestellung aufzugeben. Wichtig dabei ist, dass die Anzahl der auszufüllenden Felder kleiner zehn bleibt, da sonst der User diese nicht ausfüllen wird und den Vorgang ohne Bestellung beendet.

Weitere Möglichkeiten über Internet an Database-Marketing-Daten zu kommen ist das Austragen eines Gewinnspiels. In vielen Suchmaschinen werden Tipps auf lohnende Seiten gegeben. Bevorzugt werden hier Seiten angegeben, bei denen der User etwas kostenlos bekommen oder aber gewinnen kann. Dafür kann man aber einem User ohne weiteres zumuten, mindestens 15 Felder auszufüllen. Durch solche Aktionen steigert sich auch der Bekanntheitsgrad dieser Unternehmen. Viele User gehen nur aus solchen Gründen auf eine Homepage.

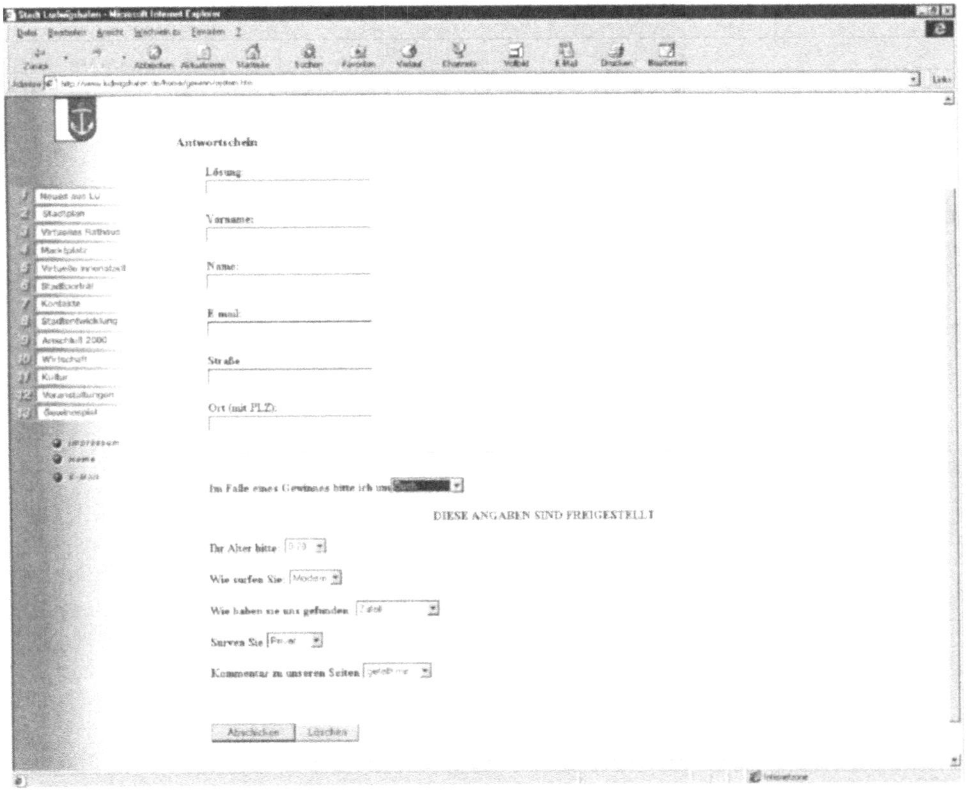

Abb. 6.2.2 Internet Usegroups und Informationen

Weiterhin sollte man das Internet nicht als eine Werbung an-
sich betrachten, sondern vielmehr als eine Darstellung des
Unternehmens in der Öffentlichkeit. Hierfür ist es erforderlich,
ein gesundes Marketingmix zu wählen, um alle Komponenten
entsprechend auf einer Homepage unterzubringen.

Viele User verfügen heute über einen Internetzugang und gehen im Internet auf Informationssuche. Das Internet ist heute
nicht mehr wie früher Computerfreaks und Wissenschaftlern
vorbehalten und geht fast jeden zweiten Haushalte in der Bun-
desrepublik an. Die Homepage eines Unternehmens wird aber
nicht nur von Privatusern begutachtet, sondern auch von Be-
nutzern aus anderen Unternehmen. Der hieraus wachsende
Wettbewerbsvorteil sollte jedoch nicht unterschätzt werden.

Umfragen auf Homepages haben einen sehr guten Zulauf. Einfach und schneller kann man nicht an Marktdaten für ein Database-Marketing-System herankommen. Auch andere Kategorien wie „Personal und Arbeitsplatzangebote" sind heute sehr beliebt.

Abb. 6.2.3 Internet Usegroups und Informationen

Auch Öffentlichkeitsarbeit wird im Internet unterstützt. Viele Unternehmen bieten einen Medienservice an. Hier können die letzten Pressemitteilungen abgerufen werden. Alles im allem stellt das Internet neue Anforderungen an das Marketing und den Vertrieb. Dabei sollte man jedoch das Ziel des Telemarketing und Database-Marketing nicht aus den Augen verlieren. Auf Dauer kann nur ein Unternehmen wettbewerbsfähig bleiben, das alle Medien mit allen Facetten des Marketings und Vertriebes nutzt und sich selber entsprechend darstellen kann.

Die Zukunft wird noch sehr spannend werden.

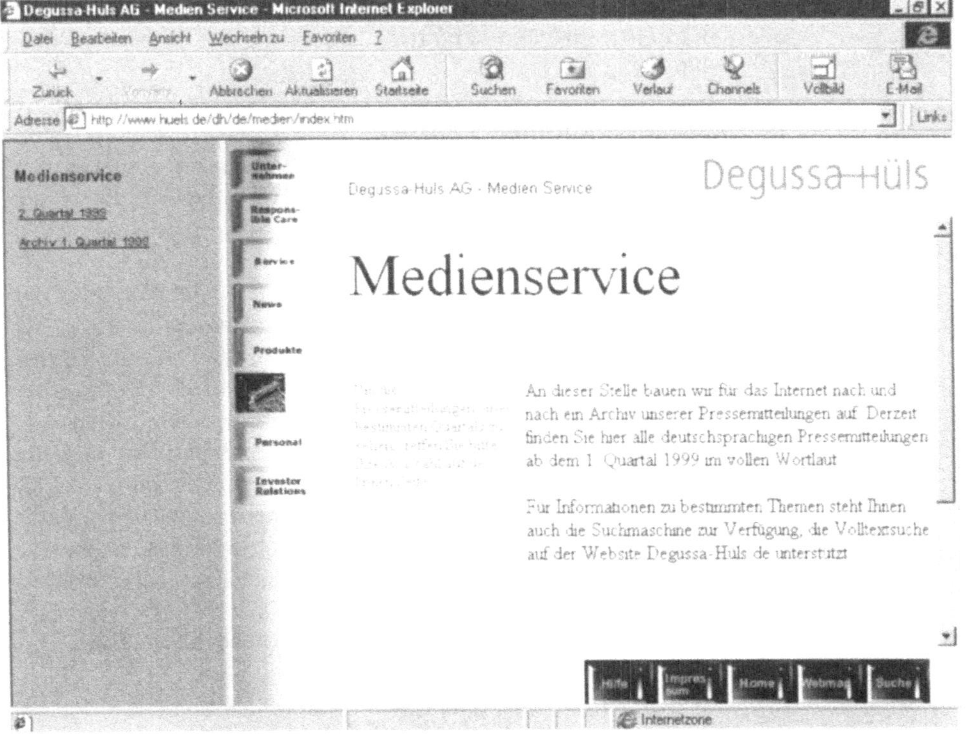

Abb. 6.2.4 Interent Usegroups und Informationen

Ausgehend von einer in den Unternehmen wohlbekannten Situation könne wir den Weg zu einem Unternehmen, was richtig nach innen und außen kommuniziert über verschiedene Marketingansätze erreichen.

Aufbauend auf einer ganz normalen Organisationsfrage über Abteilungsbildung, deren Funktion nach innen und außen und auch deren Aufgaben. Wichtig ist dabei eine klare Abgrenzung zu anderen Bereichen zu erreichen. Gleichzeitig soll aber auch eine Interdependenz zwischen den einzelnen Bereichen hergestellt werden. Die Auswirkungen über Dienstwege und hierarchischen Konzepten haben wir am Anfang des Buches besprochen.

Als jetzt selbstverständlich setzten wir voraus, dass das Unternehmen nicht nur mit den Augen der Mitarbeiter gesehen wird sondern auch mit den Augen der anderen Akteure, die in Beziehung mit dem Unternehmen stehen. Als einen wesentlichen Teil für das vereinheitlichte Auftreten haben wir das Corporate Identity betrachtet. Es gibt nur wenige Unternehmen, die das bis ins Detail beherrschen. Eines dieser Unternehmen ist der Hersteller des weltbekannten Getränkes Coca Cola. Es ist egal wo auf dieser Erde sie in einem Laden gehen, die Dosen oder Flaschen dieses Getränkes erkennen Sie an den Farben und der Form. Sie müssen nicht einmal der Sprache mächtig sein, um dieses Produkt zu kaufen. Wenn Sie beispielsweise in China sind, können Sie ohne Sprachkenntnisse nicht lesen. Auch keine Markennamen. Coca Cola hingegen erkenne Sie an Farben und Form. Betrachten Sie die Internetseite des Herstellers werden Sie auch hier das klare Corporate Identity erkennen, genauso wie auf den Lkw's, Getränkekästen und so weiter.

Mit dem Corporate Identity wird eine Unternehmenskultur geschaffen. Mit dieser Kultur müssen sich die Mitarbeiter identifizieren. Wenn dieses geschieht, sprechen alle Mitarbeiter nach aussen, wie auch nach innen, die gleiche Sprache.

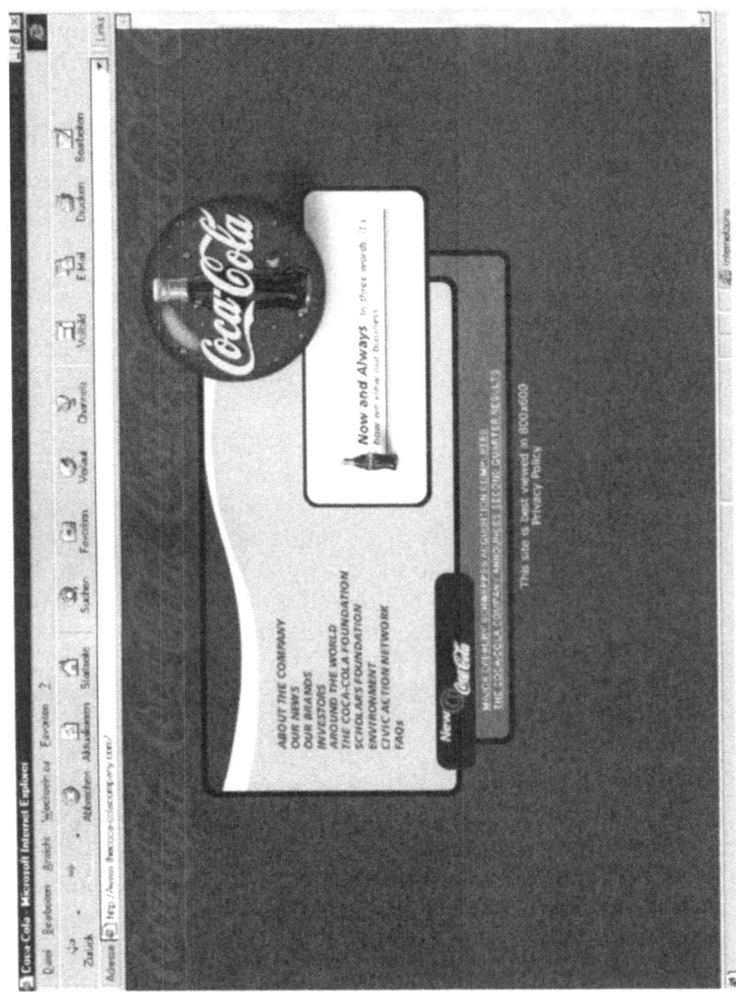

Abb. 7.1 Zusammenfassung und Ausblicke

Darauf aufbauend kommt das Konzept Customer Vision. Hierbei geht es Grundsätzliche um die Betrachtungsweise des Unternehmens aus der Sicht des Kunden. Erwartungen zu erfüllen, zu übertreffen und eine gleichbleibende Behandlung des Kunden, so wie er es sich wünscht, zu realisieren. Dabei setzt auch dieses Konzept an allen Stellen im Unternehmen an. Beginnend bei der Telefonzentrale und Enden im Management.

Die Erwartungen eines Kunden zu erreichen werden letztendlich Unternehmensphilosophie. Statistiken beweisen hier sehr genau, warum ein Kunde ein Unternehmen verläßt. Rufen wir uns nochmals die einprägsame Zahl ins Gedächnis.

68 % der abgewanderten Kunden geben als Grund für Ihre Abwanderung „die Gleichgültigkeit eines Mitarbeiters" an

Die Zahl macht sehr deutlich, das nur dann ein Kundenstamm gehalten werden kann, wenn die Mitarbeiter Konzepte und Unternehmensphilosophie verinnerlichen. Wenn ein Unternehmen diese Hürde nicht schafft, so wird es am Markt nicht überleben können. Wenn wir an die Kosten denken, die entstehen, um einen Interessenten als neuen Kunden zu werben, sollten wir die vorhandenen Kunden besser denn je pflegen.

Die Öffentlichkeitsarbeit (engl. Public Relations) geht darauf zurück, dass Unternehmen oft in der Öffentlichkeit einen schlechten Ruf haben. Auch greift heute die Phrase „lieber einen schlechten Ruf als keinen Ruf" nicht mehr. Vielmehr geht es um die allgemeine gesellschaftliche Meinungsbildung, die gerade bei grossen Konzernen einen wichtige Rolle spielt. Davon hängt auch die interne Mitarbeitermotivation und die oben schon angesprochene Identifizierung mit dem Unternehmen ab. Strenggenommen ist das eine Vorstufe zum Social Marketing. Wobei die Komponenten des Social Marketings nicht nur auf die Meinungsbildung abzielen sondern auch auf die Wahrung der Interessen der Gesellschaft. Doch dazu später noch einige Worte.

Tele-Business haben wir im laufe des Buches als Begriff für Interaktionen zwischen den Akteuren mittels der Telekommunikation eingeführt. Abgrenzt haben wir den Begriff Telemarketing vom Teleselling. Telemarketing als solches umfaßt alle Aktionen im Zusammenhang der Erstellung und Pflege eines

Database-Marketing-Systems. Telselling hingegen hat als Zielrichtung die aktive Vermarktung eines Produktes oder einer Dienstleistung mittels der Telekommunikation.

Nehmen wir das klassisches Marketing, so stellen wir fest, das die Zielrichtung aller Marketingaktionen hier den Vertrieb als solches im engeren Sinne unterstützen soll. Marketing im klassischen Sinne untersteht der Produktion und dem Absatz und dient in erster Linie für das rühren der „Werbetrommel". Werbung mit kreativen Einschlag um letztlich der Gesellschaft zu erklären, warum Sie ohne dieses Produkt nicht leben kann oder aber nicht „in" ist. Zielorientierung auf betriebswirtschaftlicher Basis gibt es nur im Bereich der Kosten-/ Nutzenvergleiche im Bezug auf unterschiedliche Medien. Dies führt jedoch zu einer Werbeverdossenheit in der Gesellschaft und die übermäßige Werbung eines Produktes mit grosser Streuung ergibt oft einen genervten Eindruck der Person die damit berieselt wird. Eigentlich kann sich die Gesellschaft nicht richtig gegen Werbung wehren. Fahren Sie mit dem Auto und versuchen den Verkehrsfunk zu hören, werden Sie praktisch gezwungen die Werbung auch zu hören. Radiohören oder auch Fernsehn wird zum Frust wenn ständig die gleiche Werbung läuft.

Dagegen gehen heute neue Konzepte vor, die gerade die Streuungsprobleme eindämmen sollen. Das Relationship-Marketing geht von einer interdependenz zwischen Lieferant und Kunde, oder aber allgemeiner gesprochen, zwischen Akteuren aus. Hier wird versucht, ein Netzwerk über Beziehung aufzubauen, um einen Kunden das abwandern zu erschweren. Ziel ist es, die Beziehung über viele Jahre mit einem Kunden mit monitären Größen zu bewerten und daraus abzuleiten, das eine Abwanderung des Kunden auch dem Kunden letztlich Geld kostet. Hierbei soll auf gute Erfahrungen und Sicherheit der Geschäftsbeziehung ein Netzwerk installiert werden, was beiden Parteien die Vorteiler ihrer Geschäftsbeziehung aufzeigt und dadurch enger aneinander zubinden.

Dabei sollten wir jedoch nicht die Zahl der Statistik vom Customer Vision aus den Augen verlieren. Mittels dieser Aussage kann nur dann ein Relationship-Marketing funktionieren, wenn hier die Kriterien erfüllt werden.

Aber auch Randgebiete wie, Neurolinguistik haben heute einen grossen Stellenwert im Marketing. Haben wir noch Anfang der 90 er Jahre versucht mittels kreativer Werbung und Werbeschwämme den Kunden ein Produkt zu verkaufen, versuchen wir heute dem Kunden am Telefon so zu umwerben, das Aufgrund der Sprache eine Ablehnung unmöglich wird. Jedoch sollte man hier ganz klar von einer Manipulation reden und auch deren zukünftigen Auswirkung einmal aufzeigen. So wie es ein Haustürwiederrufsrecht gibt, wird es auch hier dann eine gesetzliche Regelung geben, um von einer am Telefon mittels der Sprache manipulierten Aussage zurück treten können. Keinesfalls möchte ich hier an dieser Stelle den gesamten Zweig der Neurolinguistik negativ darstellen, sondern vielmehr vor den gefahren warnen, die bei einem Einsatz unter betriebswirtschaftlichen Gesichtspunkten entstehen können. Erst dann, wenn dieses so „falsch" genutzt wird, trifft die obige Aussage über Manipulation zu.

Unter Total Quality Management verstehen wir eine Anfangsform der ISO 9000 ff. Hierbei werden jedoch nicht nur Regeln umgesetzt sondern auch Qualitätsphilosophien im Unternehmen verankert, so daß man mit guten Recht sagen kann, das Total Qualtiy Management die ältere aber auch die am weitreichenste Methode ist. Im Markt soll sich ein Unternehmen nicht nur durch Werbung sondern auch durch Leistung und der Qualität behaupten. Dabei ist es wichtig, eine gleichbleibende Qualität zu erbringen. Dies trifft auch besonders im Fall des Relationship-Marketing zu.

Im Bereich Social Marketing gehen wir dann den Schritt, nicht nur Pressekonferenzen zu geben, und damit das Unternehmen in en Gutes Licht zu rücken, sondern vielmehr dahin hier eine Wertschöpfung für die Gesellschaft zu erreichen. Dabei entsteht dann der Nebeneffekt, dass das Unternehmen in der Öffentlichkeit einen höheren Stellenwert genießt wie ein anderes Unternehmen ohne Social Marketing. Denken wir dabei an Werbung über schwere Themen wie Rassismuss und dabei dann auch an die Werbung von Benetton. Hier hat das Unternehmen ein allgemeines Thema der Gesellschaft als Werbung aufgegriffen. Durch diese Werbung hat aber Benetton in der Gesellschaft als Unternehmen Farbe bekannt und ausgesagt, dass für Sie alle gleich sind. Nur wenige Unternehmen trauen sich, solche Themen in der Werbung zu. Letztlich handelt es sich um eine politische Meinungsbildung und kann auch dem Unternehmen Kunden kosten. Auch das können wir unter Social Marketing verstehen.

Betrachten wir nun den Bereich des Database-Marketings, so haben wir festgestellt, dass es sich hier um eine Datensammlung aller relevanter Informationen über einen Interessenten oder Kunden handelt. Umso mehr Informationen wir über ein Unternehmen haben, desto gezielter können wir eine Marketingaktion planen und Streuverluste ausschließen. Dieses ist die pragmatische Zielsetzung dieser Systeme. Dabei wird sich im Database-Marketing fast aller möglichen Formen des Marketings bedient, um diesen Anspruch gerecht zu werden. Wir haben in diesem Buch einige Informationen betrachtet und auch deren positiven Auswirkungen bei einem Kunden oder Interessenten. Database-Marketing soll den Vertrieb unterstützen und ihm ermöglichen, Beziehungen zwischen den Kunden und sich selber herzustellen und zu vertiefen. Gehen wir davon aus, das Database-Marketing-Systeme mit Informationen versorgt werden müssen, haben wir den klassischen Ansatz für das Telemarketing erreicht. Im Telemarketing werden Informationen erhoben, verifiziert und ausgewertet. Diese sollen dann aktiv den Vertrieb unterstützen.

Weitere Aufgaben des Telemarketing liegen dann im Bereich der Kundenbetreuung und den sogenannten Mehrwertdienstleistungen.

Für die Zukunft läßt sich eines feststellen, so wie große Wissenschaftler die Welt und deren Anschauung verändert haben, wird die moderne Technik und damit die moderne Kommunikation den Bereich des Marketings neu gestalten. Denken wir daran, daß es vor wenigen Jahre noch nicht Möglich war, ein Database-Marketing-System aufzubauen oder aber die Kosten für ein kleines oder mittleres Unternehmen nicht finanzierbar waren, hat sich hier die Technik nun schon durchgesetzt. Neue Techniken ermöglichen es uns heute schon, Systeme und Informationen zu verwalten, die vor drei Jahren nicht denkbar waren. Aber auch die Kommunikation als solches wandelt sich. Hat einst das erste Telefon von Phillip Reis für Aufsehen gesorgt, sorgte vor einigen Jahre das Internet für aufsehen. Aber auch hier bleibt die Entwicklung nicht stehen, sondern vielmehr wachsen hier Kommunikationsmöglichkeiten wie Telefon, Bildtelefon, Fax und Email immer mehr zusammen und geben heute DV-technisch keinen Unterschied mehr her. Es ist eine Frage der Zeit, wann und ob der Face-to-Face Verkäufer noch mit dem Auto im Stau steht oder aber vor seinem PC mit Bildtelefon sitzt und das Gespräch mit dem Kunden respektive dem Interessenten führt. Denken wir an Themen wir Firmen-TV oder Video-on-Demand so kann man sehen, wie sich die Leistung des Internets entwickelt um schon bald so ein zentrales Kommunikationsmedium zu sein wie es bisher das Telefon und seit den 90 er Jahren auch das Fax ist.

Verkaufsprozesse müssen sich wandeln und den neuen Strukturen anpassen. Starre Konzepte und pure kreative Werbung wird bald schon aus unserem Alltagsleben verschwinden. Damit werden aber die gezielten Werbungen aufgrund der Database-Marketing-Systeme und den vom Telemarketing erhobenen Daten eine so zentrale Rolle spielen, dass man heute mit gutem Recht sagen kann, dass das klassische Marketing bald der Vergangenheit angehört.

8.1   Sachwortverzeichnis

Sachwort	Seite

8.2   Abbildungsverzeichnis

Das Standardwerk zur Marketinginformatik

Hajo Hippner, Matthias
Meyer, Klaus Wilde
(Hrsg.)

**Computer Based
Marketing**
Das Handbuch zur
Marketinginformatik

2. Aufl. 1999. XIV, 736 S. mit 150 Abb.
(Business Computing) Geb. DM 198,00
ISBN 3-528-15586-8

Inhalt: Wettbewerbsvorteile durch
Computereinsatz im Marketing -
Computerunterstützung in allen
Bereichen des Marketing-Mix - Vorstellung branchenspezifischer und
branchenübergreifender Anwen-
dungen - Konkrete Marketing-An-
wendungen aus den Bereichen Au-
tomobil, Banken und Versicherungen, Handel, Pharma, Telekommunikation, etc. - Einsatzmöglichkeiten
von Verfahren der multivariaten Statistik und des Softcomputing - Poten-
tiale des Internet im Marketingbereich - Kurzportraits und Forschungs-
gebiete der beteiligten Lehrstühle

Ein konsequentes und computerge-
stütztes Marketing entwickelt sich
mehr und mehr zu einem entscheidenden Wettbewerbsfaktor. Mit dieser Erkenntnis vermittelt das Stan-
dardwerk zur Marketinginformatik
in 2. Auflage umfassend und über-
sichtlich zielführende Informationen. Dazu werden die neuesten
Erkenntnisse aus den unterschied-
lichsten Teilbereichen der Marketinginformatik anschaulich anhand
konkreter Projekte beschrieben und
Anwendungspotentiale im Marketing
aufgezeigt. Ein „Muss" für jeden
innovativ ausgerichteten Entschei-
dungsträger im Marketing.

Abraham-Lincoln-Straße 46
D-65189 Wiesbaden
Fax 0611. 78 78-400
www.vieweg.de

Stand 1.4.2000. Änderungen vorbehalten.
Erhältlich im Buchhandel oder beim Verlag.